程玉潔 著

西餐基礎烹調－烹調方法與原理

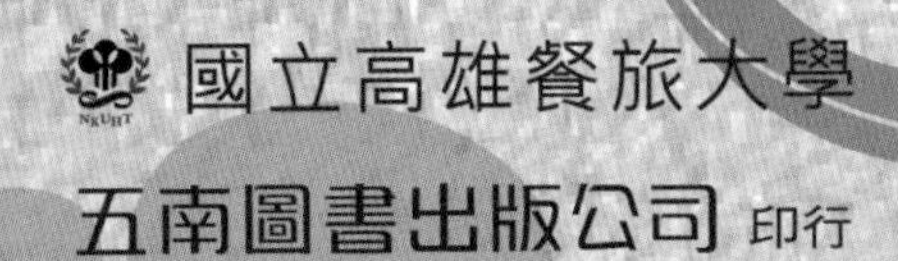

國立高雄餐旅大學

五南圖書出版公司 印行

本書經「國立高雄餐旅大學教學發展中心」學術審查通過出版

C O N T E N T S

Chapter 1 **課程介紹 & 廚房機具設備認識**

1.1 課程目標、教學內容、教學方式與學習評量方式 2

1.2 歐洲飲食文化（European Gastronomy） 3

1.3 專業廚房常用之機器、設備（Kitchen Equipment） 10

1.4 鍋具（Kitchen Utensils） 15

1.5 西餐廚房的編制與相關工作職掌 24

1.6 廚師的專業素養（Professionalism） 28

1.7 廚師服 29

Chapter 2 **基礎刀工及製備**

2.1 廚房前置作業（Mise en Place） 32

2.2 蔬菜的清洗 33

2.3 蔬菜的分切 35

2.4 肉類的製備 41

2.5 其他 47

Chapter 3 **高湯（Stocks）**

3.1 高湯的基本組成（Basic Stock Components） 58

3.2 高湯製作的基本原則（Principles of Stock-making） 60

3.3 高湯的分類及製作（Stock Classification and Stock-making Process） 61

C O N T E N T S

雞高湯（Chicken Stock） 63

褐高湯（Brown Stock） 65

魚高湯（Fish Stock） 66

調味煮液（Court Bouillon） 67

Chapter 4 **醬汁**（Sauces）

4.1 醬汁的功用和組成（Functions and Components of Sauce） 70

4.2 醬汁的分類（Sauce Classification） 71

4.3 醬汁製作的基本技巧（Basic Sauce-making Techniques） 72

4.4 基礎醬汁及其衍生的小醬汁介紹 74

雞骨肉汁（Chicken Gravy） 76

蘑菇褐醬汁（Brown Mushroom Sauce） 78

Béchamel 醬汁（Sauce Bechamel） 79

Veloute 醬汁（Sauce Veloute） 80

4.5 小醬汁的製作 81

4.6 醬汁和食物的搭配 82

Chapter 5 **湯——清湯**（Clear Soups）

5.1 湯的分類（Soup Classification） 86

5.2 蔬菜清湯（Clear Vegetable Soups） 87

C O N T E N T S

- 義大利蔬菜湯（Minestrone） 90
- 蔬菜片湯（Paysanne Soup） 91
- 蔬菜絲清湯（Clear Vegetable Soup with Julienne） 92
- 法式焗洋蔥湯（French Onion Soup au Gratin） 93
- 曼哈頓蛤蠣巧達湯（Clam Chowder—Manhattan Style） 94

5.3 肉類清湯（Broth） 96

- 蘇格蘭羊肉湯（Scotch Broth） 97

5.4 澄清湯（Consomme） 98

- 雞肉澄清湯（Chicken Consomme） 99

Chapter 6 **湯——濃湯**（Thick Soup）

6.1 奶油濃湯（Cream Soup） 102

- 洋菇奶油濃湯（Cream of Mushroom Soup） 103
- 青花菜奶油濃湯（Cream of Broccoli Soup） 104
- 玉米奶油濃湯（Cream of Corn Soup） 105

6.2 泥湯（Puree Soup） 106

- 青豆仁醬湯附麵包丁（Puree of Green Pea Soup with Croutons） 107
- 蒜苗馬鈴薯冷湯（Vichyssoise / Potato and Leek Chilled Soup） 108

6.3 湯上桌前的注意事項 109

C O N T E N T S

Chapter 7 **蔬菜類的烹調**

7.1 加熱對蔬菜顏色的影響 112

水煮綠花椰菜（Blanch Brocolli） 114

水煮白花椰菜（Blanch Cauliflower） 114

燉紫高麗菜（Braised Red Cabbage） 115

糖漬紅蘿蔔（Glazed Carrot） 116

Chapter 8 **澱粉類食材的烹調**

8.1 何謂澱粉 118

8.2 米的烹調 118

奶油燉飯（Rice Pilaf） 120

義式燉飯（Risotto） 122

青豆仁燉飯（Risi Bisi） 123

義式海鮮飯（Seafood Risotto） 124

8.3 義大利麵（Pasta and Noodles） 125

麵疙瘩（Spätzli） 129

菠菜麵疙瘩（Spinach Spätzli） 130

8.4 麵餃（Dumpling） 131

8.5 馬鈴薯（Potatoes） 131

香芹馬鈴薯（Parsley Potato） 133

C O N T E N T S

馬鈴薯可樂餅（Potato Croquettes） 135

Pomme Cocotte 136

Chapter 9 煎炒（Sauté）

9.1 前置準備工作（Mise en Place） 138

9.2 煎炒基本步驟及說明 139

9.3 煎炒相關食譜 140

煎豬排附燜紫高麗菜（Pan-fried Pork Loin with Braised Red Cabbage） 142

羅宋炒牛肉（Sauteed Beef Stroganoff） 143

洋菇煎豬排（Pork Chop in Brown Mushroom Sauce） 144

煎鱸魚排附奶油馬鈴薯（Filet of Seabass à la Meunière） 146

Chapter 10 淺油炸（Pan-frying）

10.1 前置準備工作（Mise en Place） 148

10.2 裹粉及淺油炸的基本步驟 148

藍帶豬排（Pork Cordon Bleu） 150

Chapter 11 深油炸（Deep-frying）

11.1 前置準備工作（Mise en Place） 154

C O N T E N T S

11.2 深油炸的操作及其基本步驟 155

炸鮭魚條附塔塔醬（Salmon fillets Orly with tar tar sauce） 156

Chapter 12 **低溫水煮（Poaching）**

12.1 濕熱烹調法 160

12.2 低溫水煮的類型 161

12.3 低溫水煮菜餚製作 162

乳酪奶油焗鱸魚（Seabass fillet a la mornay） 164

奶油洋菇鱸魚排——古典料理方式（Fillet of Seabass Bonne Femme） 166

佛羅倫斯雞胸（volaille a la Florentine; Chicken Florentine） 168

奶油洋菇鱸魚排（Fillet of Seabass Bonne Femme） 170

Chapter 13 **爐烤（Roasting / Baking）**

13.1 前置準備工作（Mise en Place） 172

13.2 爐烤基本技巧及步驟（Basic Techniques and Procedure for Roasting） 173

原汁烤全雞（Roasted Chicken Au Jus） 176

Chapter 14 **燴（Stew）**

14.1 前置準備工作（Mise en Place） 180

C O N T E N T S

14.2 燴的基本步驟（Basic Procedure for Stewing） 181

14.3 燴的種類 182

白燴雞（Chicken Fricasse） 183

紅酒燴牛肉（Beef Stew in Red Wine） 184

匈牙利牛肉湯（Goulash Soup） 188

匈牙利燴牛肉（Hungarian Goulash） 189

Chapter 15 **早餐**（Breakfast）

15.1 早餐的類型 192

15.2 蛋的烹調及其原理 194

15.3 早餐蛋的相關食譜 194

炒蛋附脆培根及番茄（Scrambled Egg With Crispy Bacon and Tomato） 196

炒蛋附炒洋菇片（Scrambled egg with sauteed sliced mushroom） 197

煎恩利蛋（Plain omelette） 200

火腿乳酪恩利蛋（Ham and Cheese Omelette） 201

西班牙蛋餅（Spanish Omelet） 203

義大利蛋餅（Frittata） 204

帶殼水煮蛋（Eggs Cooked in the Shell） 206

C O N T E N T S

15.4 其他 207

美式煎餅（Pancake） 209

煎法國土司（French Toast） 210

Chapter 16 **三明治的介紹及製作**

16.1 三明治的組成 212

16.2 三明治的種類 213

16.3 三明治的製作 214

煎火腿乳酪三明治（Griddle Ham and Cheese Sandwich） 216

薄片牛排三明治（Minute Steak Sandwich） 217

總匯三明治（Club Sandwich） 218

培根、萵苣、番茄三明治（Bacon、Lettuce and Tomato Sandwiches） 219

鮪魚沙拉三明治（Tuna Fish Salad Sandwich） 220

Chapter 17 **沙拉及沙拉醬**（Salads and Salad Dressings）

17.1 沙拉的認識 222

17.2 沙拉醬汁與沾醬（Salad Dressing and Dips） 223

基本油醋醬汁／法式醬汁 226

台灣版的法式醬汁 226

美乃滋（Mayonnaise） 228

C O N T E N T S

17.3 沙拉的食材（Ingredients of Salad） 230

17.4 沙拉的分類 232

- 翠綠沙拉附法式沙拉醬和翠綠沙拉附藍紋乳酪醬 235
- 高麗菜絲沙拉（Coleslaw） 238
- 小茴香黃瓜沙拉（Dill Cucumber Salad） 239
- 德式馬鈴薯沙拉 (German Potato Salad) 240
- 蛋黃醬通心麵沙拉（Macaroni Salad） 241
- 華爾道夫沙拉（Waldorf Salad） 242
- 鮮蝦盅附考克醬（Shrimp Cocktail） 244
- 尼斯沙拉（Salad Niçoise） 247
- 主廚沙拉附油醋汁（Chef Salad） 248
- 海鮮沙拉（Seafood Salad） 249

Chapter 18 **廚房點心（Kitchen Desserts）**

18.1 卡士達（Custard） 252

- 香草醬汁（Vanilla Sauce / Crème Anglaise） 253
- 焦糖布丁（Creme Caramel） 254
- 格司（Pastry Cream） 256
- 英式米布丁（Rice Pudding） 258

C O N T E N T S

18.2	慕斯（Mousse）	259
	巧克力慕斯	259
18.3	酥皮類糕點（Pastries）	261
	香草餡奶油泡芙（Cream Puff With Vanilla Custard Filling）	262
	烤蘋果奶酥（Apple Crumble）	264
18.4	油炸類甜點	266
	炸蘋果圈（Apple Fritters）	267

CHAPTER 1

課程介紹&廚房機具設備認識

1.1 課程目標、教學內容、教學方式與學習評量方式

本課程的目的是要建構學生厚實的廚藝基礎，主要教授西餐烹調的基本概念及技藝。菜餚的製備上不強調花俏的盤飾，但對製備及烹調的各個細節要求周全，料理上的技巧與火候要能確實的掌控，以期能為學生的廚藝之路，扎下厚實的根基。

學習評量（Feedback）

教育最重要的工作就是給予學生評量，讓學生了解自己的長處與弱點。更重要的是哪些需要加強改進的地方。評量所涵蓋的範圍很廣，下面列舉一些重要的部分：

基本功（Basic Fundamentals）

我知道嗎？／我了解為什麼嗎？／我是否可以正確執行完成？

判斷力（Judgment）

我能否正確的判定：調味（Seasoning）？／熟度（Degree of Doneness）？／溫度（Temperature）？

組織力（Organization）

我是否做好課前的準備？／我做事是否合乎邏輯？

時間（Timing）

我是否能準時的完成工作、正確的數量及合宜的品質？

良好衛生的工作習慣（Clean Work Habits）

我是否隨時都有展現出來？

傾聽（Listening Skills）

我是否了解並遵循指示？

人際關係（People Skills）

我做得多好：與老師的互動？／與同學們的互動？／與他人的互動？

專業素養（Professionalism）

我是否抱持著正面積極的態度？／我是否遵循學校服裝儀表的規定？／我的行為舉止是溫文有禮或是粗魯？／我是否有使用不雅的言語或說人壞話？

1.2 歐洲飲食文化（European Gastronomy）

人類最早享受食物的動機很單純，就是要填飽肚子，維持生命。因為饑而食、渴則飲是人類求生存的本能。等到人類不再為饑餓所苦，則開始花心思、時間來製備食物，讓其吃起來更為可口美味，而這種追求精細飲食的天性從未間斷，因而飲食文化乃是人類生活智慧與經驗的精華與縮影，也是人類最重要的文化資產之一。然而世界各個民族基於氣候、地理環境的不同，造成物產的差異，加上文化上的影響，使得居住在各個地區的各個民族，在漫長的歷史演進中，發展出迥然不同的飲食文化。提到歐洲人飲食文化的發展，必須先從古希臘及古羅馬之飲食談起。

古希臘及古羅馬之飲食

有關於古希臘人的飲食與生活的記載非常的有限。我們僅能從一些哲學家、歷史學家的文章及詩歌中略知一二。我們對古希臘人的飲食了解不多，多半只局限於當時可取得的食材種類及吃什麼樣的食物，但我們幾乎不了解古希臘人如何製備、烹調菜餚。以現今的觀點，古希臘人的飲食並不太可口。古希臘人的主食主要是由大麥麵粉製作未經醱酵的硬梆梆的麵包，而小麥在當時並不普遍。古希臘人食用相當多未經烹調的生食，特別是蔬菜類和水果會以沙拉的方式料理。古希臘人認為野蔬菜和新鮮香草植物都是藥草，他們使用多種不同的新鮮香草植物在飲食中。古希臘人的烹調方式相當簡易，通常僅限於水煮或燉煮。他們在餐飲上最大的貢獻是在葡萄酒的製作上，已經有能力大量生產品質穩定的葡萄酒，因此在用餐時，已經有美酒相伴。

希臘被羅馬滅亡後，羅馬人延續古希臘人的烹調技藝及餐桌禮儀。隨著羅馬帝國版圖的擴張，他們對美食的追求與鑒賞，也隨之進入這些被征服占領的地方，因此歐洲人廚藝的觀念深受羅馬人的影響。

羅馬人的飲食和希臘人相近似。然而古希臘人在蔬果取得方面多半是仰賴野生的蔬果，而羅馬人在食物的取得上就比較有組織，因此在飲食方面比較講究。羅馬人知道要享用美食，許多基本食材必須可靠且穩定的取得，所以羅馬人大量的到各個地區引進各種食用作物來種植，也因為羅馬人的努力，讓現今的歐洲人得以享有許多豐富的食材。

當羅馬人在許多基本食材的取得不成問題之後，便開始把心思與時間花在菜餚的製作及餐桌的擺設上，晚餐便成為羅馬人最重要的一餐。當時的達官貴人，在自己的住宅裡都會規劃相當大的空間，作為廚房及食物儲藏之用。廚房內除了有大量的奴隸來做食物的製備及烹調相關的工作外，還會有多個火爐及各種烹調用鍋具、器具及刀具等。儲藏食物用的瓶瓶罐罐在當時也相當的多。羅馬人對廚房內各項製備與烹調的工作，也有著相當程度的分工；有專責的人負責做某些特定的工作及菜餚，日復一日做著同樣的工作及菜餚，更使得廚藝技巧得以精進，這些對十八、九世紀的歐洲廚房的規劃及發展有著深遠的影響。

古羅馬人用餐分成三階段，但與我們現今所謂的三道式仍有差異。

第一階段稱為 Gustatio，近似於我們現今的開胃菜，其食物包括橄欖、堅果類、醃製的蔬菜、沙拉等，搭配多種不同的醬汁、新鮮香草及辛香料；食物則經常以西芹、小紅蘿蔔等作盤飾。

第二階段稱為 Mensae Primae，類似於現今的主菜。其內容包括各種的熱菜、湯、燉的菜餚、香腸類、家禽類、海鮮等。這些菜餚會再搭配多種不同的醬汁，但這些菜餚在上桌時並沒有做任何的分類，也沒有分順序。

第三階段稱為 Mensae Secunde。這近似於現今的餐後點心，包括一些甜肉、甜蛋、甜棗、無花果、蜂蜜蘋果及梨子果醬、新鮮的水果、蛋糕等等。

羅馬帝國滅亡後，歐洲進入所謂的黑暗時期，使得原本具有相當組織的羅馬廚房及富麗堂皇、精心製作的羅馬式菜餚也隨之消聲匿跡。在歐洲大多數的百姓，每天的生活都僅僅是一種求溫飽、勉強維生的狀態。多數人民的生活，都是以群聚的方式，圍繞於貴族的豪宅莊園中或僧侶院中而居，而這些莊園豪宅的大廳就成為這些人生活起居所在。他們吃的是由貴族或僧侶所提供的食物，而食物烹調不是在戶外就是在大廳的中央，屋頂弄個洞，直接在大廳中生火來烹煮食物。

在那個時代，食物的來源相當有限。當時歐洲人所吃的食物主要是來自以相當原始、簡易的耕作方式所種植出來的作物、穀倉旁邊空地所飼養的家禽或捕獲自河川、森林的魚蝦或獵物。傳教士、牧師負起了西方廚藝向前推進的推手。教士、牧師開墾許多的林地，作為種植小麥、蔬果等之用，但是中世紀歐洲的早期，並沒有讓廚師有太多功成名就的機會。

中世紀歐洲—— 大量使用辛香料

歐洲經過數百年的調息，及新的耕作、養殖技術的進步，人民的生活逐漸改善，貿易也逐漸活絡起來。國王等皇親貴族和修道院，也因而逐漸的富裕起來。在中世紀末的歐洲，皇親貴族們的生活顯得相當繁榮、奢華。莊園的豪宅及城堡的大廳之中經常舉辦奢華的盛宴，吃吃喝喝成了那時皇親貴族們的主要娛樂之一。

因此中世紀末的歐洲，廚房已經是一個獨立的房間或房子。廚房中設有具煙囪的壁爐、烘烤用的烤箱及挑高的拱圓型屋頂，讓煙排出。但食物的烹調方式仍然相當簡易，將食物直接置於柴火上燒烤（Spit Roast）或在柴火上架著大鐵鍋來熬煮食物，仍然是當時菜餚主要的烹調方式。不過此時的廚師已經有較多、較好的食材可以拿來入菜，包括一些來自東方的辛香調味料，同時葡萄乾、醋栗、杏仁和糖等，也都被帶到歐洲。

歐洲在中世紀的時候叉子仍未出現，甚至湯匙也很少用到，歐洲人都是直接以手拿取食物來吃，但這合乎當時的餐桌禮儀。中世紀時期餐盤並不普遍，歐洲人通常以切成厚的麵包（稱為 Trenchers）來取代餐盤，然後把肉、醬汁等放置在麵包上，直接以手取來食用，所以那時的醬汁都必須相當的濃稠。當時的醬汁多半是以麵包屑、蛋黃等來稠化。

在皇室家庭中工作的廚師，到了中世紀末地位已大幅的提升，相當的受人尊敬，薪資所得也高。在當時最知名的廚師——Taillevent，是法國國王查爾斯六世的主廚，還授封為騎士，這些事跡都刻寫在他的墓碑上。

墓碑上的象徵記號，可以清楚的看到三個鍋子和六朵玫瑰。Taillevent寫了法國最早的食譜之一，書名為《肉類的烹調》（Le Viandier）。Taillevent的廚藝仍只是典型的中世紀廚師。在書中他記錄的許多當時的烹調方法及菜餚的製作，仍然局限於將食物打成泥或以麵包屑來稠化醬汁的技巧，然後再將濃濃的醬汁淋到食物上，覆蓋住食物原先的風味。這種大量使用各種辛香料是中世紀菜餚的主要特色之一。這樣的飲食習性源自古羅馬時期，當時的歐洲人相信香料有益身體健康的觀念在中世紀發展至頂峰，一直到了十七世紀，歐洲人才逐漸改變這種想法。

文藝復興時期——新的生活方式的來臨

十五世紀時期，義大利佛羅倫斯開始文藝復興運動。在此之前歐洲人的思想與生活方式都是以宗教為中心，然而文藝復興時期以後，人們開始根據科學的觀點去觀察有關人類和大自然的事物，以前被看成是神秘的事物，人們重新以理性、科學的方法去思考和研究。著重以人文主義與現世生活的新紀元，表現於飲食上就是對美食的追求。換句話說，在飲食上，逐漸的捨棄粗獷大塊的肉食，食用更多新鮮的蔬菜水果，同時開始製作食用精緻的甜點，餐桌上講究餐具、餐桌擺設及用餐禮儀等。

中世紀的義大利保存著部分古羅馬的飲食習慣，加上由地中海地區傳入的豐富食材及烹調技巧，數百年來，讓義大利料理逐漸發展成為當時歐洲最為高雅、講究、細緻的餐飲，這也為法國料理在世界的龍頭地位打下根基。

義大利凱薩琳公主（Catherine de Medicis）於西元1533年，嫁給了法國國王亨利二世，開啓了義大利料理對法國美食深遠、重大的影響。凱薩琳公主從義大利佛羅倫斯帶了一整組技藝精湛的廚師與甜點廚師作為她的扈從，跟隨她一起來到了法國，一些義大利的食材及烹調技藝就此傳入法國。逐漸法國的貴族們學會享用小牛肉、朝鮮薊、松露、蛋白杏仁餅乾、冰淇淋、水果餡餅等美食。精緻的義大利料理，很快風靡整個法國宮廷，開啓了法國人崇尚美食的風氣。到了十六世紀末，許多義大利廚師、點心廚師在凱薩琳公主的影響下來到法國。當時的義大利廚師被公認為是世界上最好的廚師，他們將許多義大利食譜帶進法國，直到今天，在法式料理中仍然看得到他們的影子。可見廚師在當時的社會中，具有相當高的地位，同時也扮演著相當重要的角色。

此外，凱薩琳公主也將當時公認為是全歐洲最講究的佛羅倫斯的餐桌裝飾藝術帶進法國。精緻、優雅的桌巾、陶瓷玻璃器皿、銀器等，讓整個用餐的氣氛大為提升，同時他們也採用更典雅的義大利餐桌禮儀。凱薩琳公主也將叉子介紹到法國，不過她自己仍然習慣以手來拿取食物。百年之後，叉子才真正的在法國和英國風行起來。凱薩琳公主的兒子亨利三世，進一步開始提倡叉子的使用，但成效不彰，最大的原因是那時的廚師普遍認為叉子會影響食物的美味。一直到路易十四，叉子才廣泛的被用在餐桌上。

新的食材與新的菜餚

到了十六世紀，哥倫布等許多探險家漂洋過海，從美洲大陸、西印度等新大陸，帶了許多新奇的食材回到歐洲，包括火雞、馬鈴薯、玉米、甜椒、番茄、咖啡和巧克力等。當時許多被帶回歐洲的食物，一開始都被認為具有毒性；特別是馬鈴薯來到歐洲後，被視為是惡魔的果實，受到當時歐洲人極大的排斥。直到 1774 年法國著名的農學家安德瓦努 · 帕爾曼狄耶（Antoine-August Parmentier）為馬鈴薯大作宣揚，才逐漸消除掉歐洲人對馬鈴薯的負面觀點，很快的成為歐洲相當普及且重要的食物。

十七世紀——法國料理的成長期

在十七世紀中葉之前，法國菜仍然維持中世紀歐洲的料理方式。十七世紀中葉後，法國料理中對湯的概念，逐漸的從過去那種代表「一頓完整的餐食」，進展到作為開胃用的飲食。也就是說，以往湯著重在量（完整一頓飯，要讓人吃飽），現在則著重在質（用來開胃、促進食慾等）。

到了十七世紀中葉，法國料理出現戲劇的轉變。1651 年，一位法國大廚 La Varenne 出版了一本法國料理全書——Le Cuisiner François，這本書記錄法國從文藝復興後新的料理方式。這本書代表著法國料理的重要轉捩點——象徵中世紀歐洲料理方式的結束，高級法式料理（Haute Cuisine）的開始。另外就是油麵糊（Roux）的出現——現代醬汁的稠化劑。而所謂的油麵糊指的是以麵粉、奶油混合所製作而成的稠化劑，取代過去（中世紀歐洲）以麵包屑、杏仁粉等的稠化劑，La Varenne 書中大部分的食譜，比起一般中世紀的食譜在調味上細膩許多，辛香調味料使用的量少得許多；食譜中已經看不到大量使用肉桂、丁香、薑、肉豆蔻等辛香料，而這些辛香料在典型的中世紀菜餚中，往往被大量的使用。取而代之的是以鹽、胡椒、檸檬、法式香料束等來做菜餚的調味。La Varenne 在他的書中，以相當多的新鮮蔬菜與水果入菜，特別是當時的法國貴族等上流社會所流行的食材，如青豆仁、萵苣和朝鮮薊等。這是因為那時的園藝種植技術比起以前已經有顯著的進步。

在法國料理全書出版後的第二年，Varenne 又出版了法式西點烘焙全書——Le Pastissier François。這是第一本在食材的取量上，有給與精確、清楚的說明及定義，這可能是受到當時歐洲流行的科學革命（Scientific Revolution）的影響。不過在當時，歐洲的西點烘焙仍以義大利最為有名，而且做菜和西點的製作是兩個不同的職業。所以有些人認為這本西點烘焙全書應該是出自義大利的烘焙廚師之手。但無論如何，La Varenne 的著作象徵著法國餐飲新風潮的開始。

而十七世紀也是法皇路易十四當政時期，他鼓勵各種的藝術創作，包括哲學、建築、音樂、美食等。路易十四熱衷於美食的追求，同時將美食饗宴帶進極緻完美境界。他在位的時期，許多新的菜餚、醬汁以及餐桌上食物的陳設及餐桌上的擺飾等都是當時的傳奇；路易十四每個禮拜都會在凡爾賽宮舉行慶典、宴會、晚宴等，有些宴會甚至長達 2～3 天。此時除了宮廷料理外，法國各地也開始出現具傳統風格的地方菜。當時法國的一般平民百姓也都會把生活重心放在對美食的追求，許多新的食物或是一些改良過的食物漸漸進入平民百姓的飲食中，而且法國原本就有相當豐富的各式農產品及海鮮，各地乃利用當地盛產的食材，逐漸發展出各具風格的傳統地方菜。這些飲食也就發展成為今天所謂法國美食的主要部分。在路易十四的年代裡，一些新的食物如咖啡、巧克力、茶等，原先僅限於達官貴族們才能享用，逐漸的變成一般平民百姓也有機會享用這些美食。

十八世紀── 餐廳的出現及其演進

第一家餐廳於 1765 年出現於法國巴黎。餐廳的主人被稱為是貝克先生（Boulanger），一般都認為他是位麵包師傅，真正姓名不可考。他在店門口的招牌上寫著「貝克賣神奇滋補的食物（Boulanger Sells Magical Restorative）」，基本上他賣的就是湯。後來他在上面加了一道白醬燉腿肉，就被當時包辦伙食的人告上法院。因當時法國大部分的行業都有自己的同業工會（Guild），每個行業都是壟斷事業，而貝克先生並不屬於包辦伙食同業工會的人，所以不得從事供餐的工作。結果法院判他勝訴，他可以繼續的供應熱食給客人；在那之後，很多的餐廳就此因應而生。“Restorative”這個字指的是「消除疲憊、恢復體力」的意思，最後就演變成“Restaurant”這個字，也就是所謂的「餐廳」。

十九世紀

法國大革命，促使法國餐廳迅速的發展。法國大革命後，許多原先受雇於皇宮貴族的廚師失去他們的工作。這些廚師有些逃離法國到其他國家，繼續受雇於其他歐洲國家的皇室貴族，有些則留下來開設自己的餐廳。因此原先只有皇室貴族可享用的精緻美食及服務，開始流入民間。

那時候，大多數的飯店及餐館的菜單，僅僅都只提供簡單的套餐（Table d'Hôte），客人幾乎是不能有所選擇。而馬尼 · 安塔尼 · 卡雷姆（Marie Antonn Careme）所發展創造出的一系列菜餚及配菜與醬汁和一套適合皇室貴族的宴會供餐模式。卡雷姆所創的這類適合皇室貴族宴會的菜餚稱為“Grande Cuisine”。然而卡雷姆所建立的“Grande Cuisine”這類型的菜餚，在一般的餐廳或飯店中並無法普及。因為那時飯店的廚房設備仍然相當簡陋，所以不適合用來烹調那些華麗、複雜的“Grande Cuisine”菜餚。而“Grande Cuisine”都會提供有廚房菜色的清單（A Carte or List）。於是提供菜色清單讓客人點菜的餐廳，逐漸普遍起來。

當喬治・奧駒斯特・艾斯可菲（Georges Auguset Escoffier）和 CésarRitz 在倫敦的 Savoy 飯店擔任主管的時候，兩人大力的促導一個重要的觀念，認為單點式的菜單可以給予客人最佳品嚐的菜餚及服務品質。最後這樣的用餐方式便在歐洲的上流社會逐漸風行起來。

在法式料理的發展中，卡雷姆相當有系統的將法式料理記錄下來，艾斯可菲以此為基礎，將法式料理在製作上作進一步的簡化及精緻化。進而發展出更為精緻、細膩的菜餚，取代所謂的“Grande Cuisine”。此種製作上更為簡單化，表現上更為細緻的菜餚，被稱為古典菜餚（Cuisine Classique 或是 Classic Cuisine）。

艾斯可菲除了廚藝上的貢獻外，他將原本相當雜亂無章的廚房工作，建立一套廚房職務分工系統（Brigade System），使廚房內的各項工作能夠更有效率的分工。這套廚房分工的系統至今仍被許多飯店採用。

1.3 專業廚房常用之機器、設備（Kitchen Equipment）

西餐廚房中會藉由許多大大小小的機械設備，來使食物製備、烹調的工作效能、效率提高並且降低廚房內人力上的需求，也讓廚房的工作不再這麼的繁重。

西式爐灶（Range / Stovetop）

西式爐灶是西餐廚房中不可或缺的基本設備之一，而西式爐灶的下方通常還會附有一個嵌入式的烤箱。除此典型的搭配外，爐灶的爐面可分成三種類型：

爐火檯面的西式爐（Open-burner Range）

具有可單獨控制的開放式火源或燃燒口，可以直接在火源上放鍋子和平底鍋，然後把火調大或調小，調整烹煮的溫度；爐火數有二口、四口、六口等之分。

平板爐（Flattop Range）

不具爐火，沒有開放式燃燒口，它是將火源直接加熱於一大片厚實的鑄鐵板（Cast Iron）或是鐵板（Steel），藉由平板來加熱。這樣的加熱方式可以讓鍋子較均勻、穩定的受熱，適合用來需長時間加熱燉煮的高湯、菜餚等。另外平板面積大，相對之下有更多的烹煮空間，可同時容納多個鍋具，缺點是無法快速的調控溫度。此平板爐常會被誤稱為「煎板爐」，因為它有平坦、光滑的表面，但並不適合直接在上面煎、炒食物。

環型平板爐／法式爐（Ring-top Range）

與平板爐非常類似，但其平板為多組同心圓組成的環型爐火，溫度以中心的部分最高，向外圍遞減。所以環中心的部分可以用來烹調需強火的菜餚，旁邊的部分適合用來須以小火烹煮的菜餚。這類爐檯廣泛的用於法式廚房中，所以又有「法式爐」之稱。

煎板爐（Griddle）

煎板爐非常類似於西式爐灶中的平板爐。火源位於一大片厚實的鑄鐵板（Cast Iron）或是鐵板（Steel）的下方。鐵板面積大，可以直接在鐵板上加熱烹煮，也可同時煎炒大量的食物。

烤箱（Oven）

烤箱是藉由加熱空氣來烹煮食物，其熱源可以是用電力或瓦斯來烘烤食物。烤箱的種類繁多，可依營運上的需求及廚房空間的考量，挑選最合適的烤箱。

傳統式烤箱（Conventional Oven）

熱源位於烤箱的底層，直接加熱烤箱底板，利用空氣受熱上升的原理及熱源的輻射熱來加熱食物，但速度較慢。傳統式烤箱在西餐廚房中，經常是嵌在西式爐灶的下方。另外也有獨立可以堆疊的烤爐，此種又稱為平板烤箱（Deck Oven）。平板烤箱通常有 2～4 層。

旋風式烤箱（Convection Oven）

在傳統式烤箱中加入風扇，增強烤箱內熱氣的對流，提升加熱的效率，也讓食物受熱更快速均勻，此類型烤箱就是所謂的旋風式烤箱。

多功能蒸烤箱（Combi Oven / Combination Oven）

結合了旋風式烤箱和蒸箱（Steamer）的功能，所以可選擇的烹調模式包括有蒸氣（Steam）、熱風烘烤（Hot-air Convection）及熱風／蒸氣混合（Heat／Steam Combination）。

碳烤爐（Grill）／上火燒烤爐（Broiler）／明火烤爐（Salamander）

所謂的碳烤爐（Grill），其熱源是來自下方，而上火燒烤爐（Broiler）或是明火烤爐（Salamander）其熱源則是在上方。

明火烤爐（Salamander）是小型的上火燒烤爐，主要是用來將菜餚做最後的焗烤上色。

上火燒烤爐具有可上下調整的網架，藉由調整熱源與食物的距離，控制烹調的速度。

碳烤爐有些可燒木屑、木炭或是二者皆可。有些營業用的碳烤爐，是以瓦斯或電力為火源，但鋪上一層陶瓷的石子（Ceramic Rocks），類似以木炭燒烤的效果。

食物攪拌機（Mixers）

食物攪拌機用途極廣，為專業廚房不可或缺的重要設備。食物攪拌機也是廚房中用來節省人力的重要設備。攪拌機有不同的大小，其攪拌缸容量由桌上型的 5 公升到落地型的 12、20、30 公升，甚至於到 120 公升以上皆有。

攪拌機的功能很多，可依需求裝上不同的附件，完成各種不同的任務。攪拌器是攪拌機的標準附件，有多樣化的攪拌鉤可用，計有三種：

槳狀的攪拌鉤（Paddle）

用途最廣的攪拌鉤，用於一般攪拌的工作，像是搗碎馬鈴薯、做餅乾、麵糊，或者肉類攪拌均勻如水煎包、水餃類、派皮等。

網狀攪拌鉤（Wire Whip）

用於液狀食材的打發（將空氣拌入其中），如蛋白、動物性鮮奶油之打發等。

鉤狀攪拌鉤（Dough Hook）

用來鉤住麵糰，攪拌時能產生拍打的效果。

切片機（Slicer）

切片機主要是用來將食物切片，可以讓切出來的成品厚度完全一樣。因此切出來的食物不僅外型美觀平整，也可以定量，所以非常適合用於標準食譜上。切片機經常被用來切肉片、火腿片、乳酪片、根莖類蔬菜等。使用切片機時，我們可依需求調整切片機上的刻度，調整到適當的厚度。切片機使用上相當便利，但是也有相當的危險性。所以使用完畢後，要將刻度歸零，刀口才不會突出造成危險。

食物調理機（Food Processor / Robot Coupe）

食物調理機屬於多用途型的食物調理機械。食物調理機使用高速的旋轉刀片，可以將各式的蔬菜、堅果類、肉類、麵包、種子等，切碎或打成泥，有時也會被用來打麵糰、乳化等。食物調理機有多種不同的配件及刀片，裝上不同圓盤式刀器，用來將食材切片、切塊、切細絲、切絲等更多用途。

食物調理機由法國的“Robot Coupe”公司所創，其目的是用來取代廚房中仰賴大量人力的切碎、切泥等之類的工作；經多年的研發改善，“Robot Coupe”公司的食物調理機成為業界的領導品牌，“Robot Coupe”也就成為專業廚房中食物調理機的代名詞。

果汁機（Blender）

分成底座機身和果汁杯兩部分。底座機身就是馬達所在，轉速可調整。果汁杯材質有不鏽鋼、玻璃或塑膠供選擇，果汁杯之底部具螺旋槳形之刀片，高速轉動可將食物打成泥或液體，也可用來做醬汁的乳化。在廚房中，通常用以製備濃湯、冷湯或醬汁。

注意

食物調理機在許多功能上近似果汁機（Blender），然而兩者最大的差異是食物調理機採用的是可更換的刀片及配件，果汁機則是固定的刀片；此外食物調理機盛裝食物用的盆碗較寬矮，果汁機的盆碗則較為細長。且食物調理機的刀片貼近盆底，所以調理機可在沒有液體或少量液体下就可將食物打碎，果汁機則需一定量的液體才能夠將食物打碎或打成泥。

手提式攪拌器（Immersion Blender）

基本上它和果汁機有相同的功用。它是把果汁機底座馬達的部分改成細長，便於用手握，但無法調整轉速。至於螺旋槳型刀片的部分則以延伸的方式置於攪拌器的另一端。最大優點是可以很方便的將大量的食物或湯，於鍋中直接打成泥。做法是將螺旋槳型刀片的部分伸入到鍋中，來將食物打成泥。以上動作若以果汁機則需分批取出才能打成泥。

冷藏、冷凍設備（Refrigeration Equipment）

對餐飲業者而言，有足夠的冷藏冷凍設備，對其營運相當的重要。因而冷藏冷凍設備必須定期的清潔與保養，維持其正常的運作，減少食物的腐敗，降低食物成本。冷藏冷凍設備最主要的功能在於保存食物，藉由出風口吹出的冷風，讓冰箱中的空氣產生循環對流，將足夠的冷度送至每一個角落，延長食物的保存期限。

走入式大型冷藏室（Walk-in）

最大型的冷藏、冷凍設備。有些大到像一間小倉庫，可用推車在裡面裝卸食物。有些除了可調控溫度外，也可調整濕度，可用來儲藏各種不同的食物、食材。

冷藏櫃（Reach-in Refrigerator）

不鏽鋼門的冰箱和透明的玻璃門冰箱二種。不鏽鋼門的冰箱，效率較佳，通常是廚房内使用，用來存放烹調所需的食材。透明的破璃門冰箱較適合用在配膳室（Pantry Area），存放一些沙拉、甜點等，方便服務人員拿取。

工作檯冰箱（On-site Refrigeration）

有冷藏抽屜（Refrigerated Drawer）及臥式冷藏櫃冰箱（Undercounter Reach-in）二種。可將成品或半成品就近暫存，減少不必要的走動，方便工作，特別是在供餐的高峰期，避免不必要的走動，可大幅的提升工作效率。

油炸機（Deep-fat Fryer）

熱源可以是電力或瓦斯，具有溫度調節裝置，油溫達到設定溫度後，自動停止加熱，油溫降至一定程度後，會再開始加熱。油炸機有大的不鏽鋼的油槽，還有不鏽鋼的網籃，用來盛裝食物放入油炸。有些油炸機可自動濾除食物殘渣的功能，否則就必須以手動的方式將油排出並過濾油渣。

1.4 鍋具（Kitchen Utensils）

對一個好的鍋具而言，其最大的特色就是要能夠導熱均勻，也就是能將熱能均勻的分布到鍋底的各個部位。若鍋具的導熱不均，加熱時容易在鍋底出現所謂的聚熱點（Hot Spots），往往會造成食物燒焦，而影響鍋具是否能導熱均勻，取決於兩個因素：

1. 鍋具材質的種類：材質不同，導熱的速度也有所不同。
2. 所用材質的厚度：鍋具的底部愈厚，導熱愈均勻。因此，好的鍋具通常都較為厚重。

常見鍋具材質

選用不同的材質來製作鍋具，鍋子的特性也會有所不同。常見的材質包括有銅、生鐵、鋁、不鏽鋼等。右圖為各種材質的導熱性比較，銅的導熱性最佳，其次是鋁，生鐵再次之，不鏽鋼導熱性差。

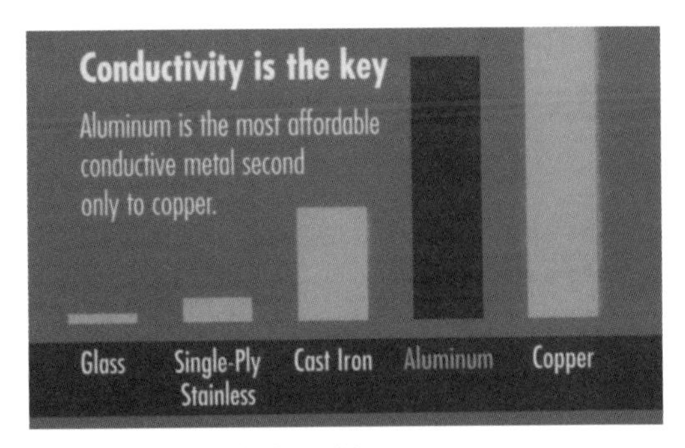

各種材質導熱性之比較

以下則就幾種常見的鍋具材質比較說明：

銅（Copper）

具有極佳的熱傳導特性，導熱快速且均勻，由銅所製成的鍋具，往往是專業廚房的首選。

優點	‧只要鍋底夠厚，用來煎食物時，使食物燒焦的機會減到最低。 ‧鍋子溫度較均一，不致於發生因溫度分布不均，造成鍋具的膨脹不均使鍋具變型。
缺點	銅會與很多食物、甚至與空氣起化學反應產生有毒的化合物。所以銅鍋在與食物接觸的部分，會覆蓋有一層不鏽鋼。
保養	銅鍋在空氣中很容易發生氧化，保養較爲麻煩，每次使用清洗後都必須要打亮。雖然氧化的銅鍋在使用上並不受影響，但會影響一個餐廳的專業形象。

鋁（Aluminum）

鋁製的鍋具由於價格較低廉、重量輕、導熱性佳（略遜於銅）。在專業的廚房裡，經常被用來製作各式的烹調器具。

優點	‧導熱速度快。 ‧重量輕、耐用。 ‧鍋底夠厚，導熱均匀。 ‧便宜。
缺點	‧與酸性或鹼產生化學作用，因此不適合用來烹調酸性或鹼性較強的食材，特別是需經長時間的烹調。往往會造成食物的變色或有金屬味。鋁並不是很適合製成醬汁鍋，鋁製的醬汁鍋往往會造成白醬汁（White Sauce）變成灰白色。 ‧鋁的質地軟容易因碰撞而扭曲變型。 ‧鍋底厚度不夠時，很容易就有導熱不均的情形，造成鍋子的扭曲變形。
保養	‧肥皂水或熱水即可。如有必要的時侯，可以用粗的菜瓜布清洗。 ‧發生變色的情形，可以塔塔粉加水（2 茶匙塔塔粉 /1 公升水），小火約煮 15 分鐘即可。

電鍍鋁（Anodized Aluminum）

利用電鍍的過程中，在鋁的表面產生一層堅硬的氧化薄膜，藉以增強鋁的抗腐蝕性。優點：有鋁鍋的優點；不會造成食物的變色或有金屬味；較不會沾黏食物，同時清洗相當容易。

不鏽鋼（Stainless Steel）

抗腐蝕性佳，不會與食物產生化學反應，堅固耐用易保養。最常用來製作儲存食物或盛裝食物的容器，因為導熱性差，烹調食物時，極易造成食物沾黏其上，所以較少直接用不鏽鋼來製成鍋具使用。

通常，不鏽鋼通常都會和鋁或銅等導熱性佳的金屬組合，來增進其熱的傳導。此種鍋具不但擁有不鏽鋼的堅硬、耐用、不會與酸性食物產生化學反應的優點，同時具有鋁或銅導熱性佳且均勻的特質。常見的組合方式有：

不鏽鋼鍋身加上鋁製鍋底

此種組合常見於醬汁鍋（Saucepan）、平底鍋（Saute Pan）、煎鍋（Frying Pan）、高湯鍋（Stock Pots）、湯鍋（Sauce Pots）、燜鍋（Rondeau）等。此類型鍋具的最大缺點是乾燒時易造成鍋底與鍋身的分離。由於鍋身為不鏽鋼，以大火烹調時，易造成鍋身的地方有燒焦的情形發生。

保養：以肥皂水或熱水清洗即可。若有燒焦的情況，可先浸泡然後以菜瓜布加以清洗。若以鹼片來浸洗清洗鍋具時，也會造成鍋底與鍋身的分離。

三層／五層鍋（Cladded Stainless Steel）

不鏽鋼中，夾有一層或多層鋁或鋁合金。此包覆在不鏽鋼內的鋁或鋁合金則有助於熱能的快速傳導與分布的均勻。此種製作方式做出的鍋具品質最佳，不過售價也高。此組合通常見於醬汁鍋（Saucepan）、平底鍋（Saute Pan）、煎鍋（Frying Pan）、高湯鍋（Stock Pots）、湯鍋（Sauce Pots）、燜鍋（Rondeau）等。

生鐵（Cast Iron）

長久以來，生鐵鍋一直廣泛的在西餐專業廚房中被使用，因為生鐵鍋導熱平均，可長時間承受高溫、經適當的煉鍋後，不太會造成食物的沾黏，因而廣受許多廚師偏愛。通常被製作成煎鍋（Frying Pan）、油炸鍋（Deep Fryers）、煎板（Grid Dle）、厚重的煎鍋（Skille）。

優點	導熱均匀、一旦鍋子燒熱後，其保熱效果亦佳（Good Heat Retaining），以大火加熱時，能均匀的將熱傳導給食物，所以非常適合用來煎、炒食物。而生鐵本身相當堅硬、不會因碰撞而變形。
缺點	與酸性食物產生化學反應；與食物長時間的接觸容易造成食物的變色及有金屬味；通常生鐵鍋都相當厚重，生鐵吸熱慢，所以熱鍋的時間較長，生鐵鍋若保養不當，很容易就會生鏽、腐蝕。
保養	生鐵看似平滑，但實際上卻有許許多多的孔洞，使用前必須先煉鍋（Seasoning），其目的就是藉由加熱的過程，將油滲入原本多孔的鍋底，使鍋底變得平滑，以避免烹調時食物的沾黏。每次使用後避免以肥皂水清洗，以紙巾擦拭即可。若有食物沾黏的情形，以油和粗鹽磨擦鍋底即可。若長時間不再用，則可以用清潔劑將鍋子清洗乾淨，以避免長時間儲存造成油脂變性，清洗後需馬上擦乾，同時存放於乾燥的地方，以避免生鏽。

鍋中倒入適量的沙拉油，加熱直到油脂開始要冒煙為止

若有沾黏的情形，可在鍋中加入些許油及粗鹽，然後以紙巾用力擦拭

靜置直到冷卻。可重覆此動作，直到鍋子不再沾黏

瓷釉／琺瑯生鐵鍋（Enameled Cast Iron）

此種鍋具可說是生鐵鍋的衍生產品，保有生鐵鍋導熱均勻的優點，而包覆生鐵的瓷釉材質，可保護生鐵防止鏽蝕，而生鐵熱鍋的速度慢（Slow to Heat），此種瓷釉的生鐵鍋非常適合用來製作須長時間、慢火來燉食物的鍋具。

然而此種以瓷釉、琺瑯襯裡的鍋具，其表面的瓷釉、琺瑯相當脆弱，很容易因碰撞、刮傷等而剝落，形式刮痕、缺口等，所以不宜用金屬的鏟具來烹調食物。當瓷釉、琺瑯剝落後，往往會造成衛生上的問題。因此在保養清洗上，僅能以肥皂水加以浸泡清洗。不能以材質粗的菜爪布、鋼絲球清洗。常用此種材質的器具包括有：肉派烤皿（Terrines Mold）、焗皿（Gratin Dish）、燉鍋（Casseroles）等。

中碳鋼（Mild Carbon Steel / Mild Steel）

導熱均勻、耐用，只要材質厚度夠、鍋子不易變形，適合用來做快速煎炒（Rapid Frying）。然而中碳鋼會與酸性食物起化學反應。鍋子用久後也容易發生鏽蝕變黑，保養和使用上類似生鐵鍋，也就是使用前必須要先煉鍋，可以肥皂水清洗，清洗後、必須把鍋子擦乾。常見的鍋具食器有中式炒鍋（Woks）、法式薄餅煎鍋（Crepe Pan）、俄式煎鍋（Blini Pans）、煎鍋（Frying Pans）、西班牙飯鍋（Paella Pans）。

黑鋼（Black or Blue Steel）

材質非常類似中碳鋼，然而其鋼質的表面有經特殊處理而呈藍黑色，以增加鋼材的抗腐蝕性，同時提升熱能吸收的速度。因此有助於烘烤食物時，食物表面硬皮（Dark Crust）的形成。因此此材質常被用來製成烤盤（Baking Sheets or Roasting Pans）、布里歐烤模（Brioche Pans）、麵包烤模（Loaf Pans）等。

此鋼質也會和酸性食物起化學反應，不過在使用上則使用前不需經煉鍋，可以用肥皂水清洗但避免以菜瓜布等較粗材質的抹布清洗。

鍋具的特殊處理

不沾鍋（Non-stick Coating）

市面上很多的廠商都會生產不沾鍋，以避免烹調時食物的沾黏。除了便於清洗外，不沾鍋只需少許的油，便可輕易的來煎、炒食物。以不沾鍋食物煎、炒後，鍋內幾乎不會有任何東西沾黏在上面（甚至是肉汁等），因此不適合用來烹調需以去渣（Deglazing）方式來製成醬汁的菜餚。而不沾的表層很容易就會刮傷受損，因此使用不沾鍋具時，絕對要避免使用金屬等會將其表面刮傷的器具。通常使用不沾鍋時，我們只能用木質或是塑膠材質的器具。清洗時也絕不能使用菜瓜布或是鋼絲球，只能以海綿或棉布之類材質來清洗不沾鍋。

多層次複合金

很明顯的可以知道，沒有一種單一的材質可以用來製作出完美無缺點的鍋具。每種材質都有其優缺點。因此要製作出好的鍋具通常都必須藉由二個以上的材質組合而成，這就是所謂的多層次複合金鍋具。讓每種材質的優點可以顯現出來，再以另一材質彌補該材質的缺點，這種互補的組合、使鍋具的效能達到最高。不過，不論選用的是何種材質，鍋具的厚度一定要夠，以期能導熱均勻且耐碰撞。

鍋具介紹

下列所介紹的都是一些典型的鍋具，對一個專業人員而言，都必須熟知。然而這些鍋具的用途，並不受限於其名稱上的用途。例如高湯鍋不僅可以拿來調高湯，也可用來煮湯。鍋具的選用首重合理、合乎邏輯，這也就是說鍋具的選用一定要考量烹煮食物的量以及烹調的方法。

高湯鍋（Stockpot）

用以熬製高湯或是湯所用的鍋子，附雙耳，以鋁製及不鏽鋼材質居多。因高湯通常需經長時間熬煮，為防止水份散失過度，因此高湯鍋通常高且深，以減少水份蒸散的面積。鍋底則較其他鍋子要來得厚重許多，但由於熬製魚高湯的時間較短，因此在熬製此類高湯時，需選用較寬且低的鍋子使用。

高湯鍋

在一個專業廚房中，如果需要經常熬煮高湯，則需要備有多種不同大小的高湯鍋，以期能在各種狀況下能有適當的鍋具可用。尤其是當經常要做濃縮高湯，則必須備有一些較小的鍋具。因為當高湯濃縮到鍋子高度的三分之一時，浮渣的撈除就較不易，所以我們就必須要更換成較小的鍋子。然而在高湯鍋的選擇上，通常鍋底的厚度要夠，而鍋身因不會與火焰直接接觸到，比較不重要。

醬汁鍋（Sauce Pans）

用以調製醬汁（Sauce）的鍋子，單柄，有鋁製、銅製、及不鏽鋼三種材質，鍋底與鍋邊幾乎垂直，鍋口寬。通常醬汁鍋的鍋面會是其深度的二倍，以利加熱時能讓醬汁水份快速蒸發，使醬汁濃縮變稠。

醬汁鍋

而深醬汁鍋（Deep Sauce Pan）則是鍋邊較深，鍋身較為細長，鍋口小可減少烹調時水份的蒸散，窄小的鍋底，可減少加熱面積。因此適合用來做長時間加熱的烹調。所以除了可以用來把醬汁、湯等再加熱。也可用來氽燙少量的蔬菜及燉、燴菜餚等。

雙耳燉鍋（Rondeau / Casserole）

圓型、鍋口寬、深度較淺，在專業西餐廚房中，雙耳燉鍋是一具有多種用途的鍋具。因為其寬廣的鍋口，提供足夠的空間將肉塊做焦化處理（Browning or Searing），鍋邊低，有利於水份的蒸散，有助於焦化作用進行。加上蓋子後，就可用來燉（Braising）或是燴（Stewing）肉類。因為雙耳燉鍋有一定的深度，所以也可用來低溫水煮（Poaching）食物，如低溫水煮蛋、低溫水煮雞胸等。

法式蛋卷煎鍋（Omelet Pan）

通常煎蛋卷的鍋子，一旦煉鍋煉好後，只會用來煎蛋卷，不會再用來烹煮其他食物。煉好的鍋子也不再以水或是肥皂水清洗，通常僅以油和鹽來擦拭乾淨即可，以避免將鍋子表面所形成的不沾油膜給破壞掉。

薄餅專用鍋（Crepe Pan）

專用以製作蛋卷或薄餅的鍋子，單柄、鍋底及鍋柄都很薄，保養得好的鍋子，只要使用少量的油即可達到不沾黏的效果。

薄餅專用鍋

法式薄餅煎鍋（Crepe Pan）

平滑的鍋底，有助於讓麵糊能均勻的分散，較平底鍋更為傾斜的鍋邊，能讓水氣更為快速的蒸散。

平底鍋（Frying Pans / Skillets）

平底鍋傳統上是用來煎薄的食料，傳統上平底鍋為圓型、鍋緣底。

橢圓型平底鍋（Oral Frying Pans）又稱為煎魚鍋（Fish Fry Pan），這個鍋通常是在比較正式的場合中，廚師用來煎魚排或整條的魚。因為煎魚的時間不宜過長，所以在設計上採用橢圓型的設計，讓整條魚能均勻的與鍋子接觸，而低矮且向外傾斜的鍋邊，能讓烹調時所產生水氣迅速蒸散，以避免水氣在鍋底的累積，而需使用導熱快且均勻的材質如銅或鋁。

煎炒鍋（Sauté Pans）

煎炒鍋在外觀上和炒鍋（Frying Pan）極為相近。二者皆為面寬廣、鍋身淺、具長把手的圓型鍋。因為這兩種鍋的烹調方式都是以少量油、大火、高溫來快速烹調食物。因此，就此層面而言，此兩種鍋具是可互通。

煎炒鍋

然而，煎炒鍋和炒鍋設計上仍有明顯的差異。鍋壁垂直或稍向外傾斜。其中以鍋壁垂直的煎炒鍋（法文又稱 Sautoir）較常見。煎炒鍋的鍋緣高度較平底鍋稍高，但較醬汁鍋低。因為傳統上煎炒鍋是用來快速的翻炒切成一小塊小塊的食材，以快速翻炒的方式，讓食材能快速的均勻的受熱，因此為了方便快速翻炒食材，鍋緣在設計上稍高。

煎炒鍋的尺寸從 16 到 28 公分，材質上從鋁、生鐵、到不鏽鋼等皆有。

烤盤（Sheet Pans）

一般烤焙用，長方形、邊淺。以鋁合金材質為主。金屬光面的烤盤會將烤箱所散發出來大部的幅射（Radiant）熱給反射掉。相反的黑褐色的烤盤則會吸收烤箱所散發出來大部的幅射熱，然後再將此熱能傳導給食物，因此可加速食物的加熱。質地較薄的烤盤保熱的效果較差，容易造成上色不均的情形。

烤盤

炙烤盤（Roasting Pan）

用以盛裝高湯用之骨頭或肉類，以進烤箱烤熟、上色之容器，長方形，附雙耳，鍋邊略高，通常以鐵製居多。

炙烤盤

備菜盤（Hotel Pan / Containers）

用途極廣，於準備食物時，可當成暫放食材之容器，也可在醃浸肉類時當成容器使用，或可存放食物，儲存於冰箱中。

備菜盤

1.5　西餐廚房的編制與相關工作職掌

艾斯可菲除了廚藝上的貢獻外，並將原本相當雜亂無章、職掌重疊混淆的廚房工作，予以重新組織規劃，建立一套完整的西餐廚房的編制與工作職掌，使廚房內的各項工作能夠做更有效率的分工。

他依食物屬性與烹調方式的不同，將廚房的工作區分成多個不同的工作站（Station）。廚房的編制可隨營運上的需求及規模的大小調整。基本上每一工作站皆由一位師傅負責，但在較小的廚房中，每一工作站可能僅有一位廚師。在大型的廚房中，每一個工作站會由一位師傅率領數名以上的助理。在這種編制體系下，可依實際需要加以規劃，至今這套廚房分工系統成為今日許多大型旅館與傳統廚房沿用的人員組織架構。艾斯可菲對古典法式廚房的人員編制職掌名稱如下：

主廚（Chef）

負責管理整個廚房的營運，在大型廚房亦可稱之為行政主廚（Executive Chef）。行政主廚的職掌，就如同經理（Manager）一般。負責的項目包括：食物的生產、菜單的擬定、食材的採購、成本的控制以及工作的規劃等。

副主廚〔Sous Chef（Soo Shef）〕

主要負責食物的生產。因為行政主廚大部分的工作時間，已被辦公行政占據。此時，副主廚便實際負責監督廚房工作的進行以及食物的調製。行政主廚與副主廚皆應完全熟知廚房中各部門的工作內容，且具多年的廚房經驗。至於領班（Station Chef）/（Chef de Partie），負責的是一特定部門或工作站的生產作業。

醬汁廚師（Saucier / Sauce Chef）

主要負責製作醬汁（Sauces）、燉品（Stews）、餐前熱點（Hot Hors D'oeuvres）、翻炒（Saute's）等菜餚之製作。為廚房中各工作站之首。

海鮮房廚師（Poissonier）

負責魚類等海鮮菜餚的烹調製作為主。通常也包括魚類等海鮮的處理、分切等工作。而魚類等海鮮菜餚所需的醬汁，也多由此單位自行製作。經常被合併到醬汁廚師的工作項目內。

爐烤廚師（Rôtisseur）

負責所有爐烤菜餚（Roasted Foods），包括相關的肉汁（Jus）及醬汁（Sauces）。

燒烤廚師（Grillardin）

負責燒烤（Grill）相關菜餚的製作。這個編制經常會與爐烤廚師的編制合併。

油炸廚師（Friturier）

負責油炸相關的菜餚製作。這個編制經常會合併於爐烤廚師的編制工作項目中。

蔬菜廚師（Entremetier）

負責開胃熱菜的製作。經常也必須負責湯、蔬菜、麵食以及其他澱粉類食物的製作。有時也會負責蛋類相關菜餚的製作。

兼廚廚師（Tournant）

英文稱為 Roundman 或 Swing Cook。其主要工作就是依需求機動的支援、協助各個單位或部門。

冷廚房廚師（Garde-manger / Pantry Chef）

負責冷食的製作，包括有沙拉、開胃冷菜、法式冷肉餅（Pate）等工作。

肉房廚師（Boucher）

負責分切各種肉類、家禽等，提供各單位或部門所需的各式內品，其工作包括肉的修整、分切等工作後，才送至所需的單位或部門。

點心房廚師（ Pâtissier ）

負責各類點心、蛋糕、麵包等之製作。在飯店等規模較大的餐飲營業場所，點心房不會設於廚房內，而是一個獨立的部門，點心房廚師則負責督導管理的工作，在編制上可能是領班或主廚，依營業規模而異。此外，在古典法式廚房中，點心房在編制上還可能有：製糖廚師（Confiseur），負責糖果及小甜點（Petits Fours）的製作；麵包廚師（Boulanger），負責各式麵包的製作。冰點廚師（Glacier），負責冰凍甜點的製作；裝飾廚師（Décorateur）負責陳列品、結婚蛋糕等製作。

控菜人員（Aboyeur or Expediter）

接收來自外場的點菜單，然後再轉遞到各個負責出菜的單位。同時菜餚由廚房送出給客人之前，要做最後的檢視，確認菜餚合乎餐廳的標準。不過有些餐廳則是由主廚或副主廚來做控菜的工作。控菜廚師也必須負責掌控廚房與餐廳間菜餚出菜順序，以確保先到先出，避免發生出錯菜、跑錯桌的窘態。

學徒（Commis or Apprentice）

學習並協助領班完成該單位的各項工作及職責。

除了廚房外，餐廳或外場之人員，也都有一定的編制及工作職掌，包括：

餐廳經理（ Maître D'hôtel ）

負責整個外場的營運。餐廳經理也負責外場服務人員的訓練，監督管理酒水部門，與主廚共同來訂定菜單，外場座位及動線的規劃。美式餐廳的編制裡，就是所謂的外場經理（Dinning Room Manager）。

酒侍師（Chef de Vine or Sommelier）

負責酒的採購、貯藏和看管酒窖。也負責酒單的安排、酒的遞送、服務。

外場總領班（Che de Salle or Headwaiter）

負責整個外場餐飲服務的相關工作。這個編制經常都會併入領班（Captain）或餐廳經理的工作職掌項目中。

外場領班（Captain）

負責客人就座後之招呼，外場領班會對客人解釋菜單，回答顧客的問題，同時也幫顧客點菜。外場領班也須負責各種的桌邊服務。如果餐廳裡沒有外場領班的編制，這些職責則落於服務生的身上。

外場服務生（Chef de Rang）

英文稱為 Front Waiter，其職責主要是為顧客提供服務。

服務員助手（Eemi-chef de Rang or Commis de Rang）

英文稱為 Back Waiter 或 Busboy。這工作通常是給第一次到餐廳外場工作的人，其工作內容主要是清理客人用餐完畢的碗盤，幫客人倒水等工作；協助服務生完成其服務客人之相關工作。

然而在多個不同餐飲部門中，通常會設置所謂的行政主廚（Executive Chef）一職，負責統籌、督導所有的餐飲部門。而各個餐飲部門則各設餐廳主廚、副主廚等階層。若開設獨立小餐廳，廚房人員的編制就會精簡，一人可身兼數職；有些大型的餐廳則可設有二位以上的副主廚，來協助主廚。所以廚房的編制並非一成不變，會隨營運上的需求有彈性的變動。且現今廚房已經相當的現代化，許多的工作可藉由機具設備來協助完成，在人力的編制當然也會有所不同。

1.6　廚師的專業素養（Professionalism）

成功的專業廚師都具有一定的專業知識及技能。廚師要戴上代表專業上被肯定的主廚高帽（Toque Blanche）前，必須要先習得專業廚師該有的態度、行為上的特質。從那些我們所熟知的廚師典範，他們共通的長處就是擁有開放的胸襟及好學不倦的精神，工作上致力於品質的追求及具有高度的責任感。這些特質有些是與生俱來的，有些則是在其廚師生涯中克勤克苦所學習、培養出來的。

專業廚師該有的態度、行為上的特質包括：

致力於提供良好的服務（A Commitment to Service）

餐飲業講求的是「服務」。對專業廚師及餐飲相關的專業從業人員而言，好的服務指的是提供好品質的食物與衛生、適當的烹調後，並賞心悅目的呈現給客人，讓客人能於舒適的環境中享用美食。最終目的是要讓顧客愉悅、滿足，要隨時隨地以客為先；做為一位專業廚師，應隨時將服務銘記於心。

責任感（A Sense of Responsibility）

對專業廚師的責任，可以從數個方面來看：同事、餐廳及顧客。

專業廚師不僅僅要尊重顧客，也要用心對待同事，餐廳的食物、設備、器具等。換句話說，對食物浪費或製備時漫不經心、蔑視其他員工、不愛惜餐廳的設施器具等，這都不是專業廚師該有的行為。專業廚房內不容許使用罵人的話、騷擾、種族歧視、使用褻瀆的言語等。

專業的判斷力

要成為專業人士的先決條件就是要有好的專業判斷能力，然而專業判斷能力的養成，主要是仰賴工作經驗的累積。雖然這種專業判斷能力不可能完全的精通，但專業廚師仍需力求更大的進步。

1.7 廚師服

對一位專業廚師而言，完整的廚師服，絕不只是專業的象徵。在一個高度危險的工作場所——廚房，廚師服對保護廚師的人身安全，扮演重要的角色。

廚師服

白色的廚師服在胸前有雙層、雙排鈕扣設計。雙層的布料有較好的阻隔效果，可將前胸被蒸氣、濺起來的熱油等燙傷的機會降至最低。雙排鈕扣在設計上可讓廚師當廚師服胸前用髒時，可換方向扣，將髒的那面蔽蓋住，讓廚師服看起來不會太髒。專業廚師服一般都是長袖，長袖可以保護雙手，防止燒、燙傷，因此工作時不應任意的將長袖捲起來。

廚師褲

廚師工作時也必須穿著長褲來保護腳及腿部，同時廚師的工作長褲，褲腳也不能捲摺，因為這會讓碎屑、液體等掉落到其中。褲子也應盡可能使用快脫（Snap Fly）的設計，避免使用皮帶。若不小心淋到熱油，可快速的脫下，將燒燙傷的傷害降至最低。

廚師帽

廚師工作時會載上高筒的白色帽子或棒球帽（有愈來愈普遍的趨勢）。廚師戴上廚帽時會將頭髮覆蓋住，以避免頭髮掉落到菜餚中；帽子也有吸汗的功用。

領巾

領巾是用來吸汗，國外廚師多半是將領巾打在廚服內，但在台灣，廚師則習慣將領巾打在廚服的外面，除了美觀外，並沒太多實際上的功用。

圍裙

廚師的圍裙除了對廚師有多一層保護外，最主要是用來減少廚服與廚褲被弄髒。

布巾（Side Towels）

大部份的廚師身上多半會掛布巾，其目的是用來拿取一些熱的鍋具、器具等，以免被燙傷。布巾並非抹布，不可用來擦拭工作檯面等，並且應保持乾燥，一旦弄濕後，便失去隔熱的效果。

廚師鞋

至於鞋子的部分，運動鞋雖然舒適，但在廚房中穿著卻不那麼安全。若不小心刀子掉落，運動鞋面所能提供的保護相當有限。因此廚房中多半會要求穿著具硬皮鞋面、止滑的工作鞋。

廚師服、廚師褲、布巾、圍裙、鞋子等很容易藏污納垢，容易有大量的細菌、黴菌（Mold）等在上面滋長，微生物很容易藉由廚師傳到食物菜餚中。因此廚師服的衛生相當重要，因此廚服、廚褲等只限於工作時穿著。

基礎刀工及製備

CHAPTER 2

2.1 廚房前置作業（Mise en Place）

本章節包括烹調基本製備及技巧、專業術語、刀工、食材的分切等介紹。這些都是廚房中最基本的前置作業，也就是專業廚房中所謂的“Mise en Place”。

何謂廚房前置作業（Mise en Place）

“Mise en Place”是西式餐廳、廚房中常用的法文專業術語。若依其字面上的意思直接翻釋成英文就是所謂的“To Put In Place”，也就是將工作所需的所有東西「就定位」的意思，換句話說就是「將所需的正確物料（包括食材、器具等），於正確的時間，放置於正確的地方」，以確保工作能順利且流暢的進行，即工作中的時、地、物都必須加以考量。因為廚房的工作繁多且勞重，人員配置亦有限，如何在客人進門前完成各項準備工作，是對廚師專業能力的考驗。

我們絕不可輕忽「廚房前置作業」（Mise en Place）對一家餐廳營運的重要性，它足以影響一家餐廳的成敗。對一位成功的專業廚師而言，其專業的能力並不僅限於其是否能烹調出營養、色香味美的食物。如何能有系統的規劃作業流程，在客人點餐後，以最短的時間，將風味品質狀態皆佳的菜餚送到客人面前，這對廚師專業能力更是一大挑戰。

“Mise en Place”的內容

對專業的餐飲從業人員而言，「廚房前置作業」指的是餐廳在開門前，所必須要完成的各項準備工作，以便於供餐時流程能平穩順暢，並確保供餐的品質。對一個餐廳而言，其廚房前置作業至少有兩部分：即外場（客人用餐的地方）與內場（廚房）。外場方面包括餐桌和餐具的擺設等；內場部分則包括供餐時需要用到的食材、器具等，皆要準備妥當。通常資歷較淺的學徒，會負責一些比較簡單且基本的製備，包括蔬菜的清洗和分切（如切洋蔥、巴西利、準備香料包／束等）、高湯製作等；而師父級的廚師則多半負責較昂貴食材的製備或是需要較高技巧的工作。

2.2 蔬菜的清洗

蔬菜在製備前，必須要清洗乾淨。對客人而言，不論蔬菜品質多好、烹調的有多美味，只要吃到含有細小砂石的蔬菜，都會引發客人的不愉快。所以將蔬菜清洗乾淨，是最基本的。

大部分的新鮮蔬菜或香草植物，在種植澆水的時候，多少會有些泥沙濺起，葉片上往往都會沾附著一些泥沙。清洗時泥沙會往下沉，所以不宜將清洗後的水直接倒掉，容易讓泥沙再度沾到葉片上，一般是直接將蔬菜撈出。

正確的清洗方式，將蔬菜撈出

清洗好的蔬菜，即可直接進行下一步的製備（如汆燙）。如果沒有馬上要用，可以保鮮膜覆蓋，放入冰箱中保存。除非有必要，例如那些曝露在空氣中會氧化變色的蔬菜（如馬鈴薯），應避免將蔬菜泡在水中，因為會讓營養素流失到水中。

以保鮮膜覆蓋，放入冰箱保存

有些蔬菜使用前必須將外皮去除，為保持砧板或工作檯的乾淨與衛生，蔬菜削皮時，避免將皮削在砧板上或水槽中，因為這樣除了會讓人有髒亂的感覺外，還需多花額外的時間、人力做清洗的工作，應盡可能將皮削到鋼盆中。處理蔬菜的工作完成後，將砧板和工作檯面清洗乾淨，然後才可處理下一類型的食材。

洋蔥去皮

馬鈴薯去皮，並泡入水中避免氧化

菠菜

古典法式料理中，習慣上會將菠菜質地較粗的梗去掉，只留下質地細嫩的葉片部分。

將菠菜梗摘除

西生菜

將西生菜最外層有碰傷的葉片摘除，然後菜梗朝上，以小刀削皮刀（Paring Knife）將西生菜心切除。其作法是以小刀斜刺入菜心後繞一圈，直接將菜心部位取下，葉片便一片片的分開。高麗菜也可以此方法將硬梗切除。但由於高麗菜質地堅硬，必須改以主廚刀來切除其硬梗。

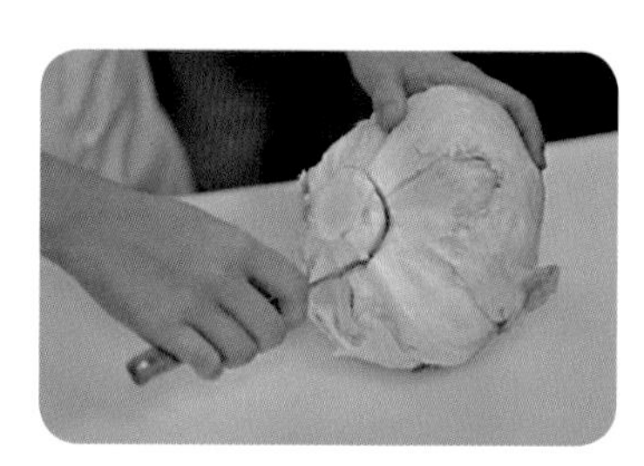

以小刀斜刺入菜心後繞一圈，將梗切除

洋菇

容易變褐色，特別是清洗後，也不能將洋菇泡在水中，因為洋菇容易吸水，應於烹調前再清洗。

巴西利

許多新鮮香草植物，都會有硬梗，並不適合入菜，所以習慣上會只將其葉片的部分取下來入菜。至於質地堅硬的枝梗，因仍帶有香味，通常不會丟棄，而是拿來加入高湯或醬汁中，以增加風味，最後才過濾丟掉。

將巴西利葉子取下

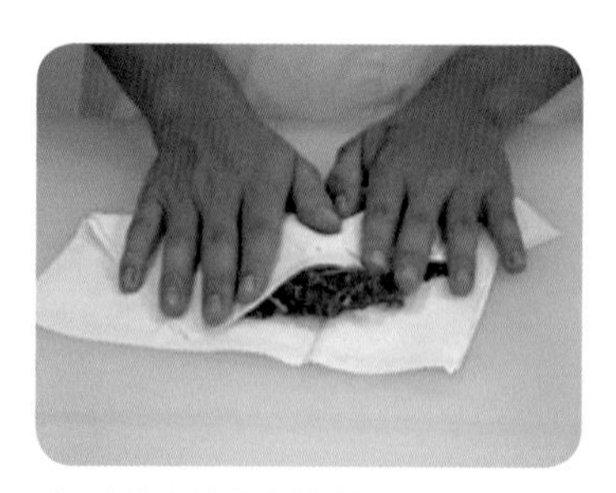

洗淨後以紙巾擦乾

2.3 蔬菜的分切

蔬菜清洗乾淨後，依需求進行分切。其外型、大小要力求一致，以期能讓食物均勻的受熱。廚師可運用不同的刀工技巧來增進菜餚的美觀、引發食慾。

基本的蔬菜切割技巧包括：切碎（Chopping）、切末（Mincing）、切絲（Julienne）、切條（Batonnet）、切丁（Dicing）、切片（Slicing）等。

對一位初學者而言，切菜的速度固然重要，然而一味的求快而將蔬菜切得亂七八糟，不但影響外觀，烹飪時也無法讓食物均勻煮熟。因此初學者應把重心放在要切的精確且一致，不能為了求量而犧牲品質，牢記「熟能生巧」。

切片（Slicing）

依不同需求，可將蔬菜切成大小、形狀、厚薄不同的片狀。

指甲片（Paysanne）

"Paysanne"這個字來自 Pheant ，也就是農夫的意思。意味著此種切割方式，通常用於鄉村或家庭式風味之菜餚製備上。有時為了要讓菜餚更有鄉村的風味，於切割時可以不需要把蔬菜修整的很平整，讓蔬菜本身那種不平整的自然感覺可被保留下來。通常只有在正式的宴會或是高價位的餐廳中，所切出的指甲片就必須要精確平整。指甲片通常無特定規格限制，但要求大小、厚薄不可相差太多，一般常見的指甲片（Paysanne）約為1.2×1.2×0.4（以公分為單位）大小。

紅蘿蔔切指甲片示範

將紅蘿蔔切成細長的片

將紅蘿蔔片，以垂直的角度下刀，下刀間距要相同

四方片成品

將紅蘿蔔片，以斜角約 45° 下刀，下刀間距要相同

鑽石形成品

切絲／條（Julienne / Batonnet）

此刀法通常運用於塊莖類蔬菜之製備上。先將蔬菜依需要，切成長方形厚片，再切成絲或條狀。可用於清湯配菜裝飾或任何合適的烹調中。依不同菜餚的不同需求，可分成幾種規格，每種規格則給予不同的名稱以資區別。

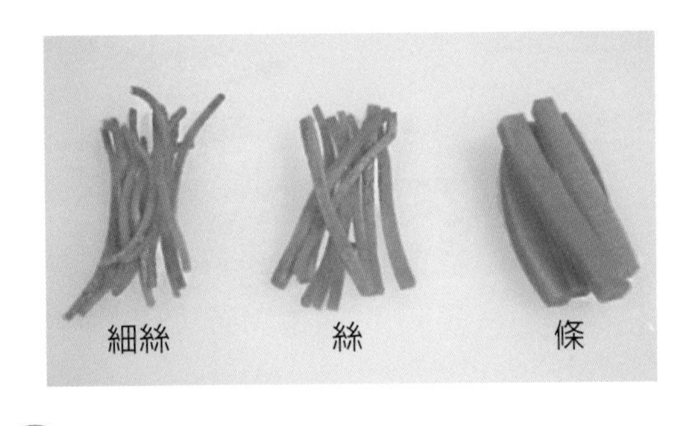

細絲（Fine Julienne）：

0.1×0.1×2.5~5 公分

絲（Julienne）：

0.2×0.2×2.5~5 公分

條（Batonnet）：

0.5×0.5×5 公分

注意

以上的規格皆為參考用約值，只要不要差太多即可。同時一致性也相當重要。

切下的碎片，可用在一些不需講求外型的製備上，如高湯、泥湯等。

切丁（Dicing）

切丁是把蔬菜切成大小整齊一致的正方塊。先將蔬菜切成絲或條狀，再切成丁。依不同菜餚的不同需求，分成幾種規格（規格大小非絕對，不同廚師間的看法不見得相同）。每種規格則給予不同的名稱以資區別，如細丁（Brunoise）、比細丁稍大稱為中丁（Macedoine）或大丁。

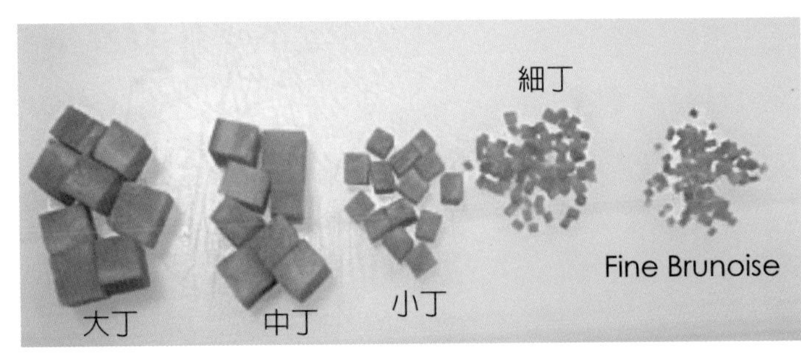

大丁：1.5×1.5×1.5 公分

中丁：1.2×1.2×1.2 公分

小丁：0.5×0.5×0.5 公分

細丁：0.2×0.2×0.2 公分

Fine Brunoise：

0.1×0.1×0.1 公分

切碎（Chopping）

所謂的切碎，指的就是將蔬菜或其他食材，切成小塊狀，切出的型狀並不重要，切好的成品，只要求外觀、大小約略相同即可。此種切法多半用於蔬菜或是食材的外型不影響菜餚美觀，或是烹調後會被過濾丟掉而不上桌的食材。一般而言，烹調的時間決定切的大小。烹調時間愈長，蔬菜或是食材切的愈大塊。

切細末（Mincing）則是將蔬菜或是食材切碎呈細末狀（Finely Chop）。此種切法通常用於菜餚烹調所需的時間非常短，或蔬菜在烹調後仍然留在菜餚中者，亦或是直接灑在烹調好的菜餚上。

洋蔥切細末示範

以刀尖快速的將洋蔥切成一條條（不要切到根部）

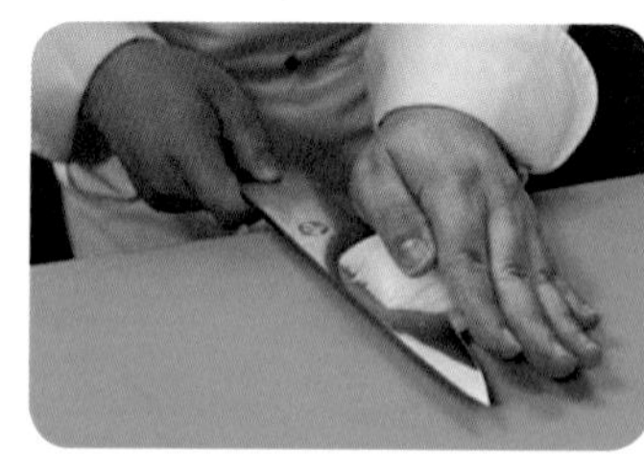

將洋蔥再橫切數刀

再切成細末。因先保留根部，可使洋蔥可保持半球狀，方便切末作業

巴西利切細末示範

將巴西利置於砧板上，以引導手（沒有握刀的手）將巴西利堆壓在一起

約略切碎後，以引導手輕輕的壓著刀尖，快速的將刀上下移動，直到巴西利切成細末

將切碎的巴西利以紗布擠乾，備用

橄欖形（Tourne）

將根莖類蔬菜以小刀削成如橄欖般之形狀。將根莖類蔬菜削成橄欖形的目的有二：美觀和烹調時受熱均勻。在古典的法國料理中，橄欖形通常有七個面，這七個面需大小相當，成兩端窄小，中間厚的橄欖形。

要削橄欖形的蔬菜，視情況可削皮，也可不削皮。如果削下來的部分會被用在其他的烹調中，則需削皮。

先將蔬菜切成所需的長度後，依食材的種類、大小分切如下：

- 圓／橢圓形蔬菜，如馬鈴薯，依大小可分切成 4 塊、6 塊、8 塊。
- 圓柱形蔬菜，如紅蘿蔔切段，長度約 5 公分，再分切成 2 到 4 塊。

一手持削皮刀或橄欖刀，另一手持蔬菜，依特定角度削切，直至成橄欖形即可。一般最常見的是 5 公分長，六刀七面之橄欖形。

橄欖形切法示範

馬鈴薯去皮後，修整成長度相同的圓柱形，分切成四小塊

通常先從最不平整處下刀（盡可能修整成圓弧形）

成品

注意

初學者在修整時，每一次下刀不宜削除太多。最好是分多次慢慢的修整出圓弧形。

調味蔬菜

調味蔬菜是西餐的基本製備之一。所謂的調味蔬菜指的是一些具有芳香氣味蔬菜（Aromatic Vegetables）的組合，其目的是用來增進高湯、湯、醬汁、菜餚等的風味。最基本的調味蔬菜是洋蔥、胡蘿蔔和西芹以 2：1：1 的比例所組合而成。調味蔬菜在烹煮過後，幾乎都會被濾除，所以調味蔬菜如紅蘿蔔等，並不一定要去皮，切割時也不需要刻意切的很工整，僅需把它們切成大小、外型約略一致即可。

我們會依所要烹煮的時間長短，來決定調味蔬菜切割的尺寸大小。一般來說，煮的時間愈長，調味蔬菜要切的愈大，以避免長時間熬煮後，調味蔬菜在烹煮過程中糊掉。反之，如果烹煮的時間短，則調味蔬菜要切的小，以利在短暫的烹煮過程中，其風味能完全的釋放出來。

要依烹煮的時間長短，決定蔬菜切割的尺寸大小

2.4 肉類的製備

牛、豬、羊等動物屠體的骨架皆相似，相同部位的肉質自然相近似。例如小里肌和里肌是這些動物屠體中最柔嫩的部分，通常也是屠體中最昂貴的部分。而四肢則因運動的原因，是屠體中肉質最堅硬的部分。早期的餐廳，大多數肉類的分切都在自家廚房完成，所以肉類的分切，對一位專業廚師而言可說是基本的技巧及知識。

全雞的處理及分切

通常購買全雞時，必須要進行初步的清理工作，包括雞爪、雞頭、胸鎖骨（V 型骨）等的切除。其處理如下：

全雞的初步處理

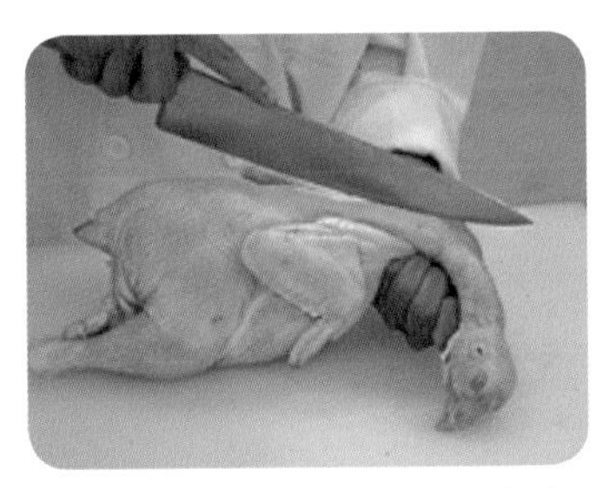

❶將雞爪從其從關節處切除。雞背朝上，於頸部劃上一刀

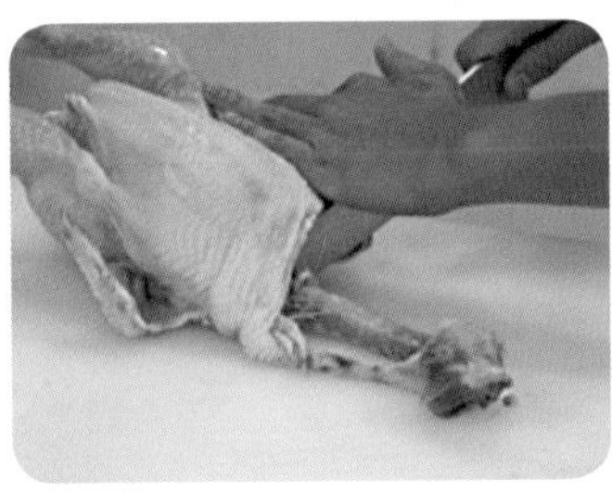

❷將雞脖子拉出並加以切除（下刀的位置盡可能靠近雞身）。同時將頸部多餘的皮切除

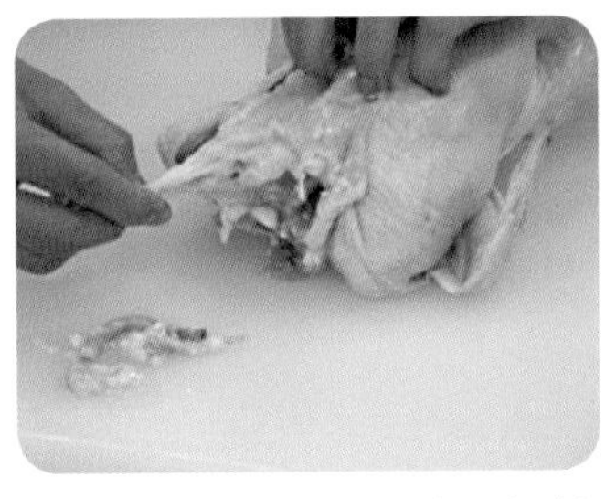

❸將雞胸腔中的脂肪、氣管等清理乾淨

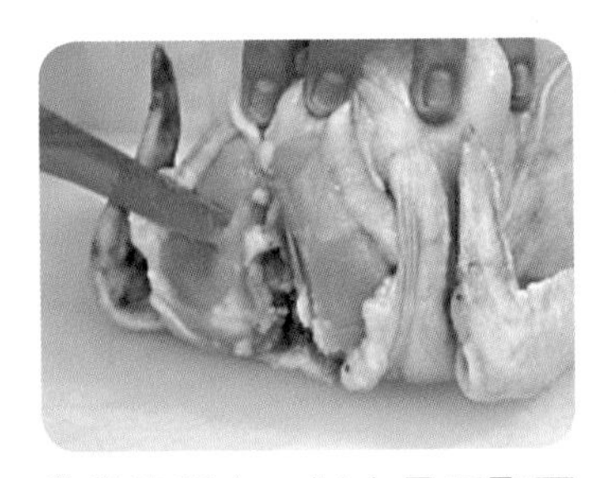

❹雞胸朝上，以去骨刀取下叉骨（Wish Bone）。這是雞的處理中很重要的步驟

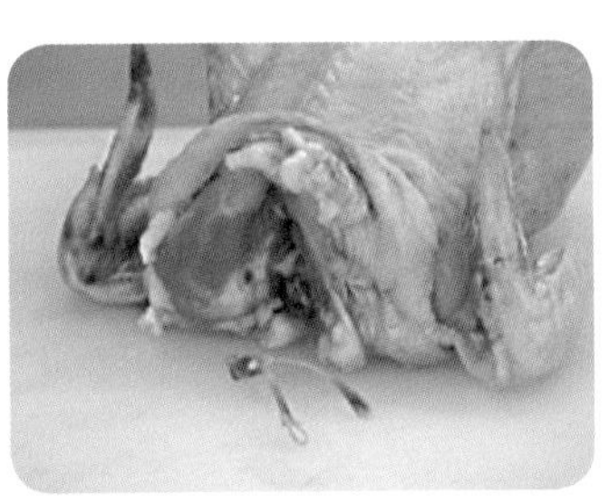

❺完成初步處理後，全雞才可以做進一步的處理，如綁縛（Trussing）或是分切

雞的綁縛（Trussing）

將雞以棉繩緊密的把翅膀、腿部和身體綁縛在一起，其目的是在烹煮時能受熱均勻，同時烹煮後的成品也較美觀。綁縛的方法很多，只要能達到上述的目的皆可被接受。爐烤全雞通常使用綁縛好的雞。以下介紹常見的全雞綁縛方法：

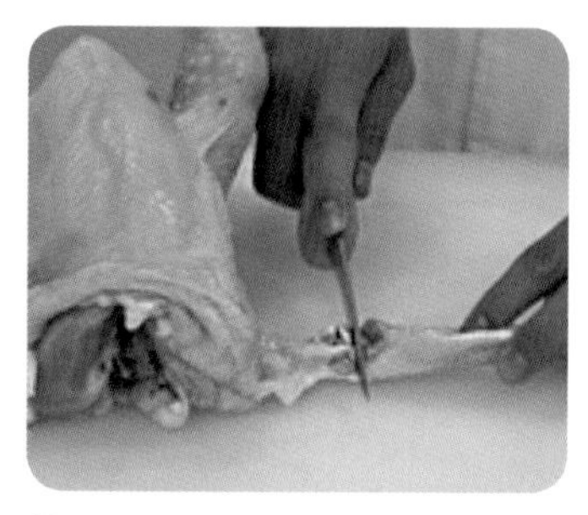

❶雞翅從關節處直接切除

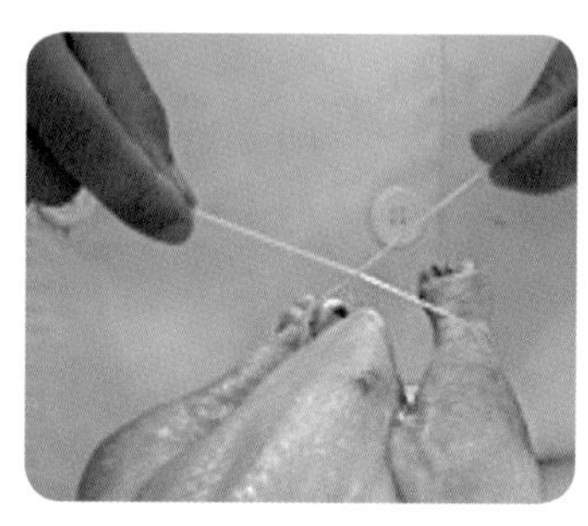

❷雞胸朝上，將棉線由腿關節開始綁起

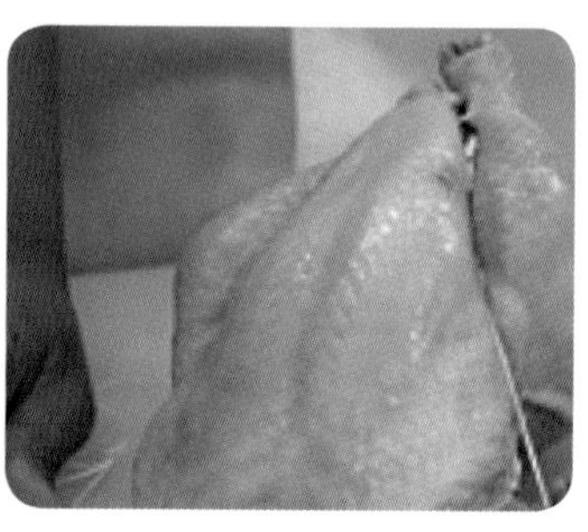

❸再由雞腿內側往雞背方向綁線

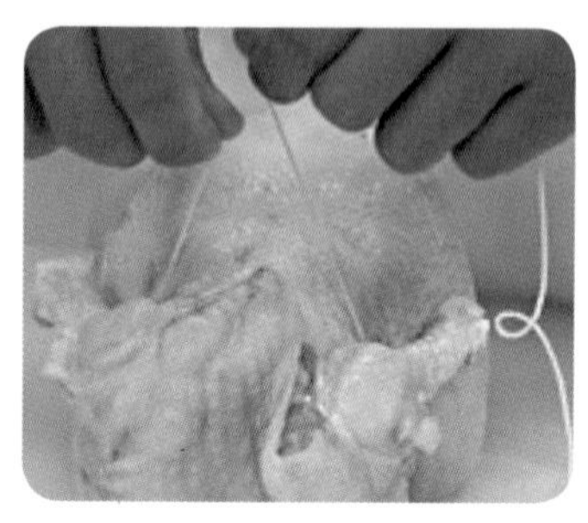

❹將雞翻面，讓雞背朝上，棉線由雞翅腋下穿過

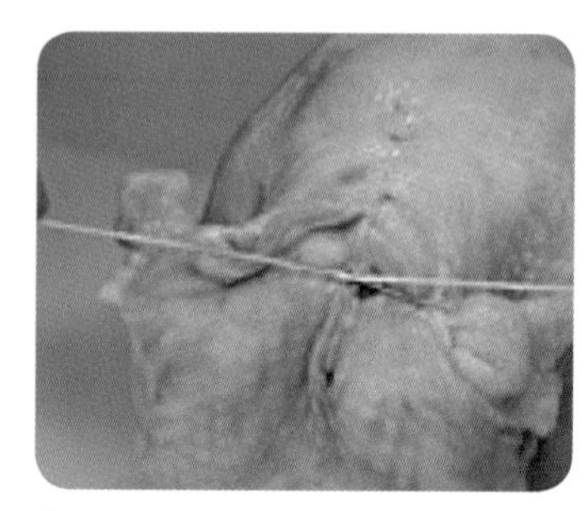

❺將雞脖子的皮往背部拉，並以棉線將皮捆綁固定住

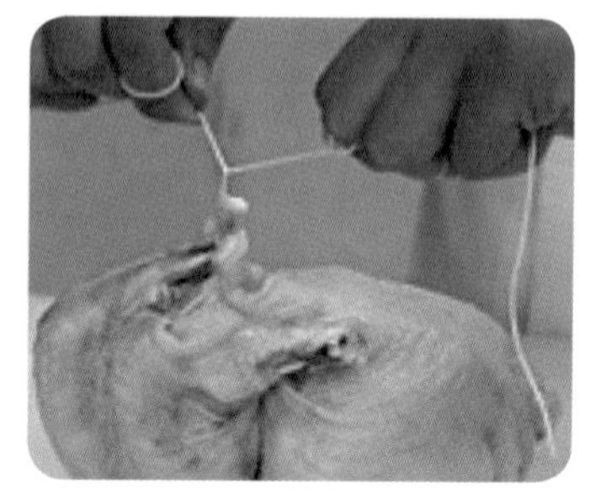

❻雞身稍為往上提，以雞的重量使棉線拉緊，打結固定

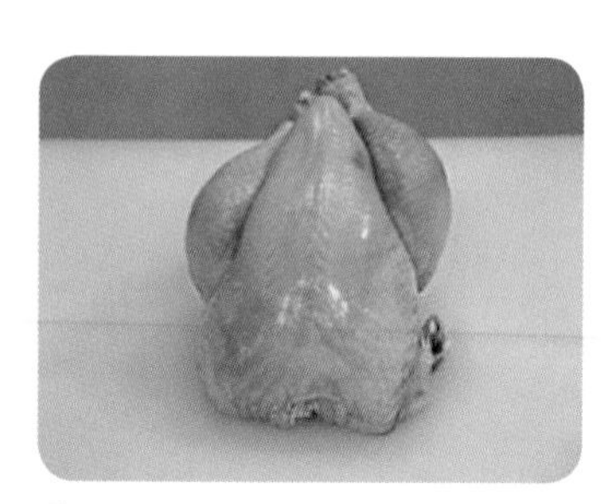

❼成品

八塊雞

古典法式料理中一些燉雞的菜餚，經常使用被分切成帶骨的八塊雞。常見的分切方式如下：

❶將雞腿連接雞身處的皮完全切開

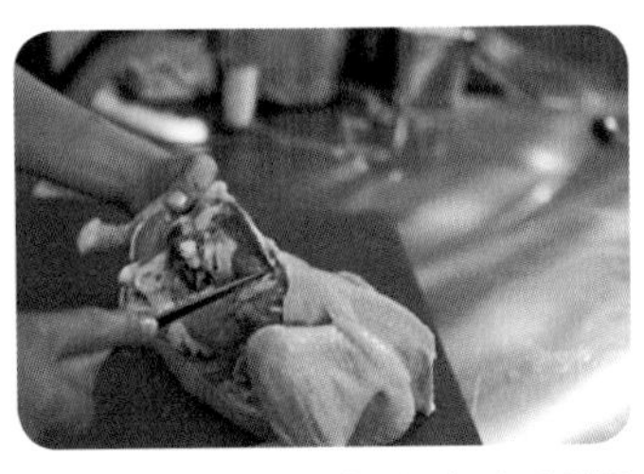

❷將雞腿往雞背的方向折斷（露出關節）

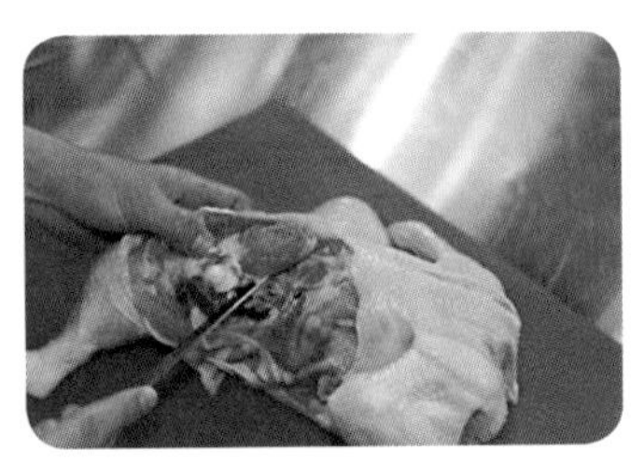

❸刀尖貼近雞身，將“Oyster”完全取下

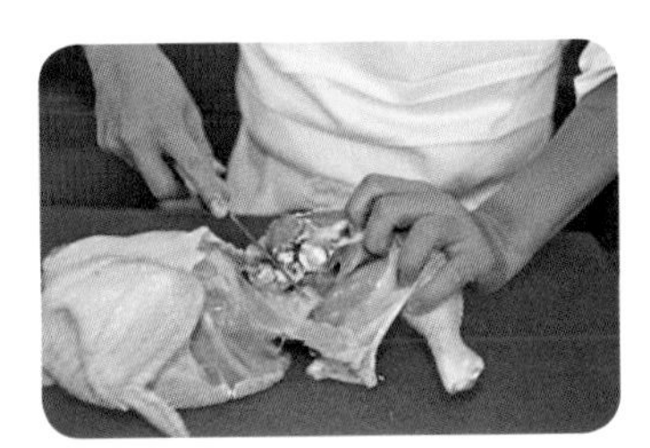

❹將白色關節切斷

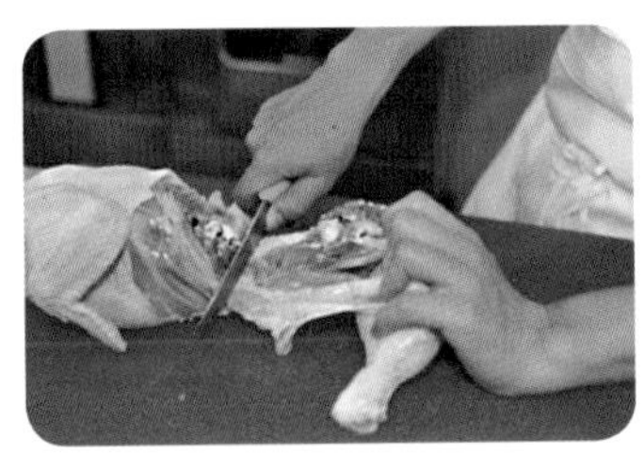

❺以刀壓住雞身，將雞腿用力拉離雞身

❻雞頭處朝下，沿著雞胸及雞背交接的薄肉膜切開

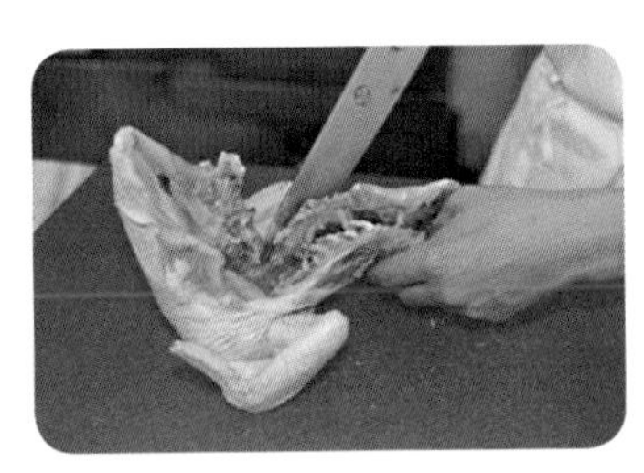

❼將雞翅內側與背骨連接處切斷

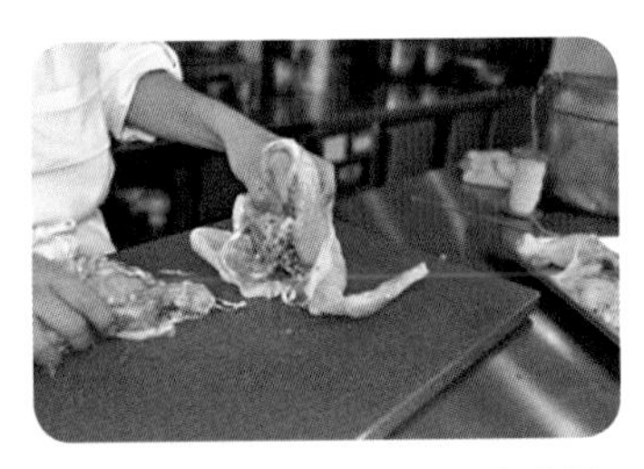

❽雞胸與雞背分離。雞背沒有什麼肉，可用來熬煮高湯；雞胸必須進一步分切

❾將雞胸對切分成兩片。此時應有完整雞腿兩支、雞胸兩片

若把四塊雞的雞胸部分切成兩塊，腿的部分從腿關節處分切成兩塊，如此便可切出所謂的八塊雞。做法就是把整隻雞腿，分切成棒棒腿（Drumstick）和雞大腿（Thigh），把雞胸分切成兩塊。

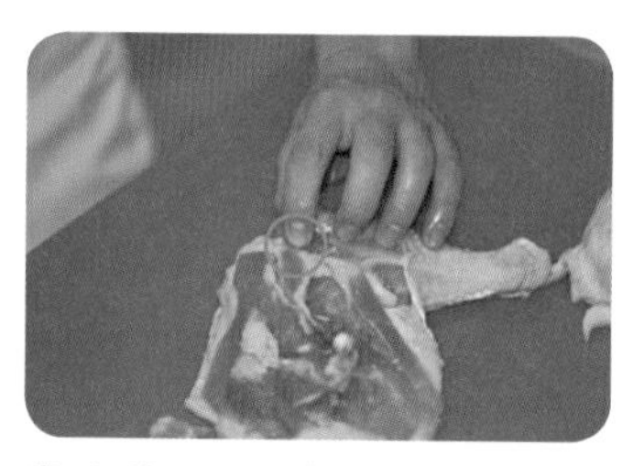
❶食指所指處有一條油脂（關節所在），也就是下刀處

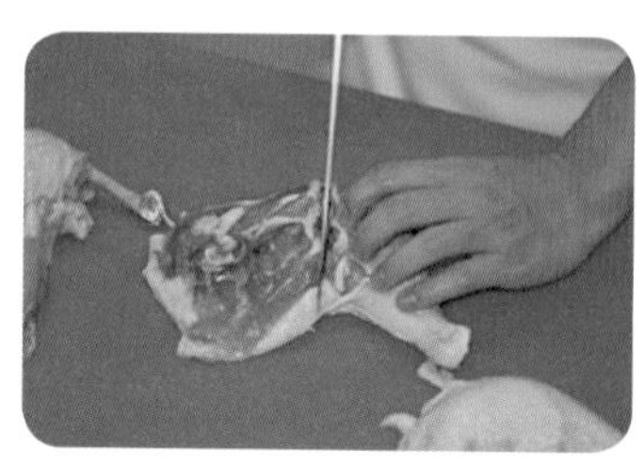
❷由此下刀，可輕易的將雞腿分切成棒棒腿和雞大腿

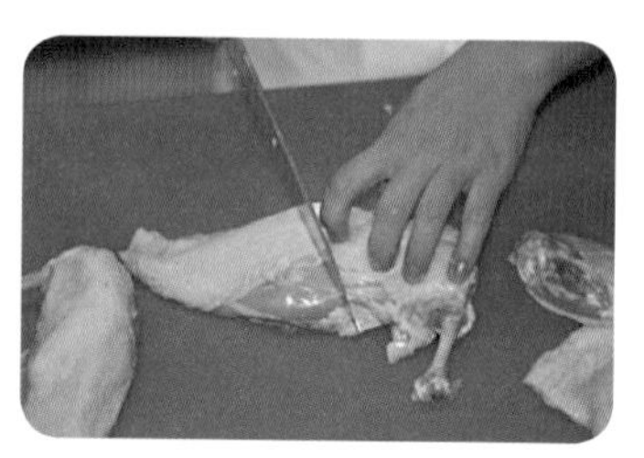
❸雞胸直接分切成大小約略相同的兩塊

❹八塊雞成品

古典法式料理中，切出的八塊雞，習慣會進一步的將雞塊中的關節部分切除。

❶以骨刀沿著關節邊緣劃一圈

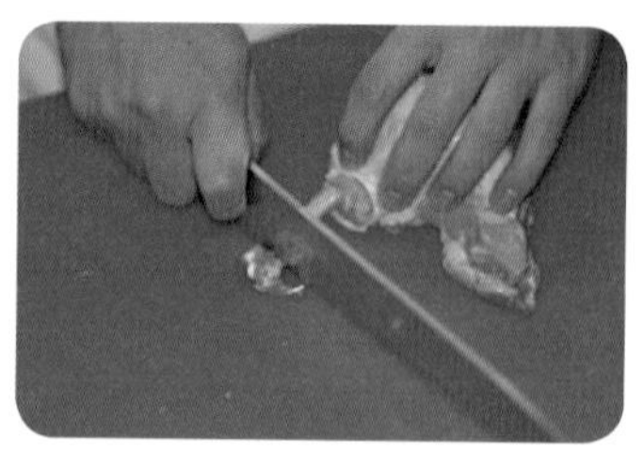
❷將雞塊的關節切除

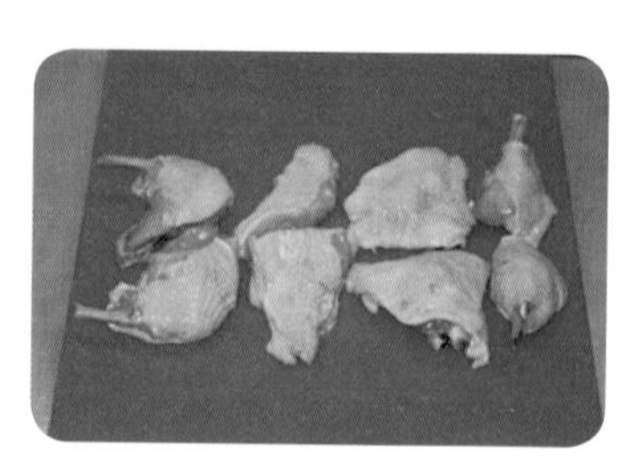
❸古典法式八塊雞成品

魚的處理及分切

- 沖洗：以自來水將魚表面的黏液沖洗乾淨，便於後續的處置。
- 修整：去除鱗、鰓和內臟。
- 分切：取魚菲力或以其他的方式加以分切。

魚類海鮮的處理示範

❶將魚鱗徹底刮除後，並以水沖洗乾淨

❷將魚鰭剪或切除（並非絕對必要）

❸將魚肚完全剪開（魚鰓也須剪開）

❹以手或剪刀將魚鰓取下，魚鰓的下方連接著魚內臟

❺將魚鰓和內臟一起拉掉

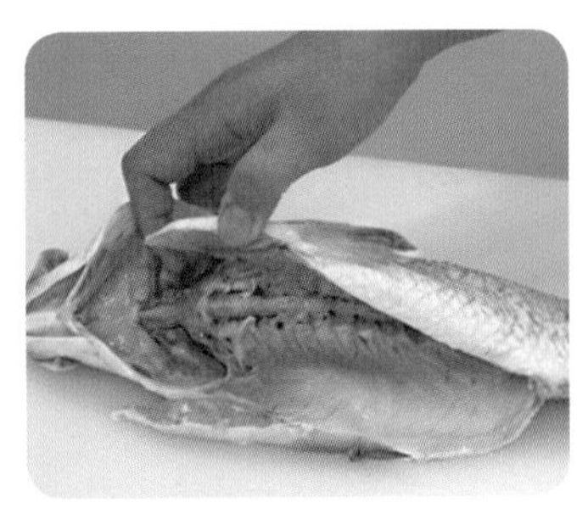

❻把魚肚清潔乾淨

取魚菲力

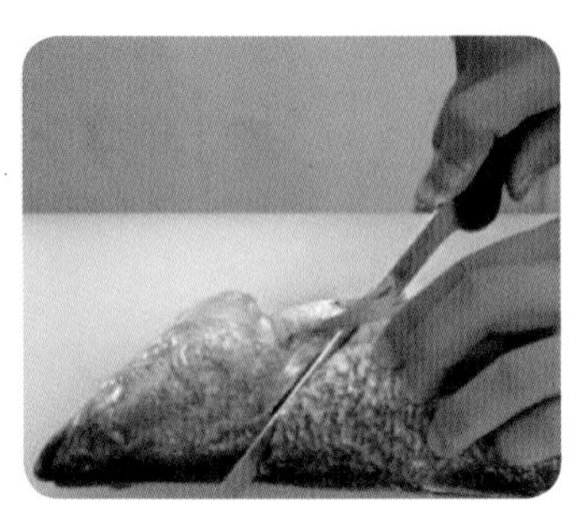

❶刀觸及到魚脊骨，將刀面轉平

❷刀面平貼於魚脊骨上（刀要有在脊骨上滑動的手感），刀往魚尾平推過去。刀要握平、姆指略微將魚肚提起

❸將整片魚菲力（Fillet）取下

❹魚翻面後切法亦同

❺取下兩片魚菲力

❻將魚肚切除

去皮

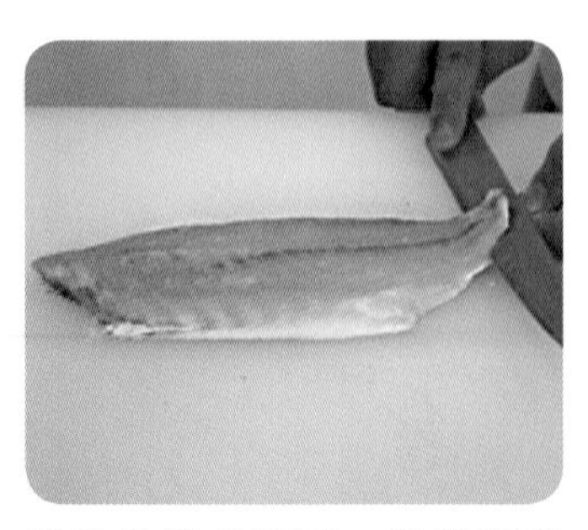

❶從魚尾處下刀，魚尾要留一小塊讓手可拉住魚皮

❷刀口略微向下，刀不動，拉動魚皮刀往前進

❸去皮完成

蝦子去泥腸

❶以牙籤從蝦背節間刺入

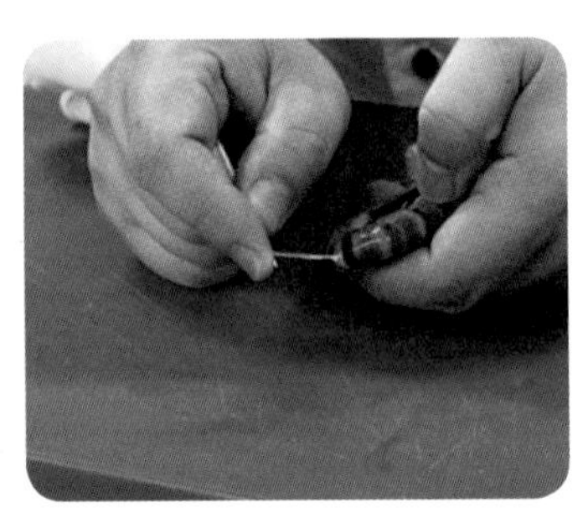
❷將腸泥拉出

2.5　其他

除了蔬菜與肉類的製備外，廚房中還有一些必須要做的前置作業，如澄清奶油的製備、香料束的製備，香味洋蔥的製備……等。以下將一一介紹。

澄清奶油

奶油中含有約 20%的水份及少許的牛奶固形物。這些牛奶固形物不耐高溫，很容易就會燒焦，造成烹調好的食物表面上會留有一粒粒的小黑點。澄清奶油的製作方式，是將奶油加熱，使油脂與牛奶固形物（Milk Solids）和水份分離。

在澄清過程中，由於泡沫的撈除加上沉澱在鍋底的牛奶固形物和水份，約略會有四分之一的損耗，也就是說 100 克的奶油，約可取得 75 克的澄清奶油。

❶將奶油切成小塊，倒入厚底鍋內，鍋子宜選用較深者，以小火將奶油徐徐加熱

❷奶油融化後，油脂表面會有白色的泡沫產生，將其撈除

❸奶油中的水份及牛奶固形物會沉到鍋子的底部，此時奶油脂呈清澈透明

❹小心的將澄清奶油濾出，避免將沉在底部的牛奶固形物和水份，混入澄清奶油中

❺完成

紙蓋（Cartouche）

古典的法式料理中經常以烤盤紙摺成紙蓋來用，原因之一是鍋蓋是比較近代的產物。現在雖然鍋蓋已經相當普遍，但有些菜餚的製備，仍習慣蓋上紙蓋。

❶將烤盤紙對折、再對折

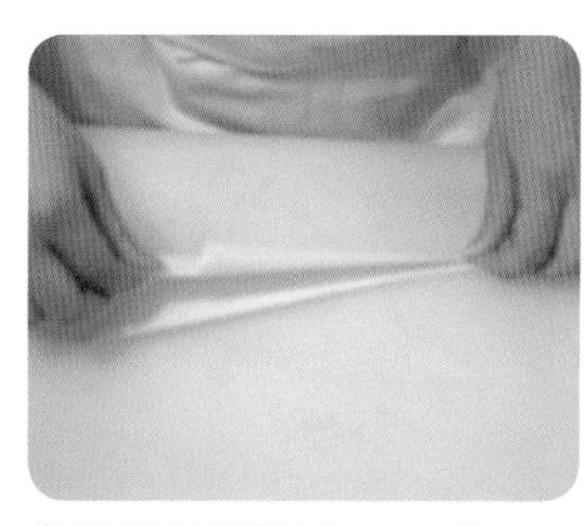

❷通常只要對折 4～5 次

❸量測紙蓋長度，略多於鍋子半徑

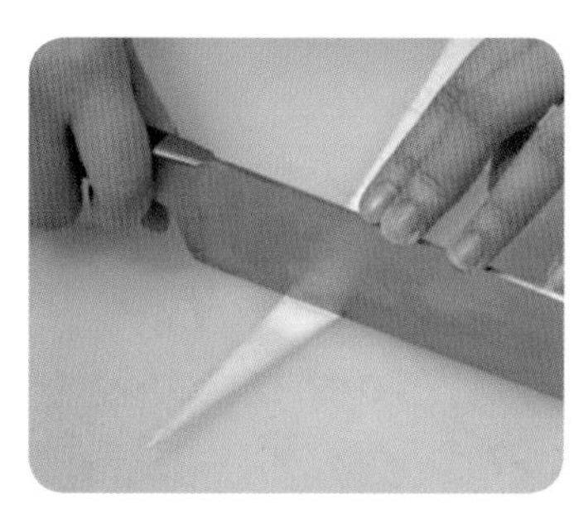

❹將多餘的部分切除

❺成品

香料束及香料包

香料束（Bouquet Garni）和香料包（Sachet D'epice 或 Spice Bag）是兩種常用的基本辛香料添加方式。經常被加到含有汁液的菜餚製備中，包括高湯、湯及醬汁等。經由慢細烹煮的過程中，這些香味成份會慢慢的釋放到菜餚中，以期能提升菜餚的風味。

以下介紹的是標準的香料束和香料包的作法。這些標準的香料束（包），常可依喜好或是菜餚的不同，而加入不同的香味蔬菜或香料，如蒜頭、眾香子（All Spice）、丁香（Glove）等，在菜餚或是湯汁中，添加入不同的香味。

香料束（Bouquet Garni）

香料束通常以新鮮的香味蔬菜（Aromatic Vegetables）和新鮮的香草，以棉繩綁縛組合而成。這些新鮮的香味蔬菜和香草，使用前都必須清洗乾淨。綁香料束時，習慣上會以青蒜或是西芹為底，將其他的香草綁縛在上面。棉繩一端綁縛香料束，另一端繫於鍋耳，以便於可隨時將香料束由湯鍋中取出，所以用來綁縛的棉繩長度一定要夠長。

標準香料束

以製作 2 公升的湯汁為例，需要以下材料：

百里香	1 支
巴西利梗	2~3 支
月桂葉	1 片
青蒜葉	1~2 片
西芹，中間不開	1 支

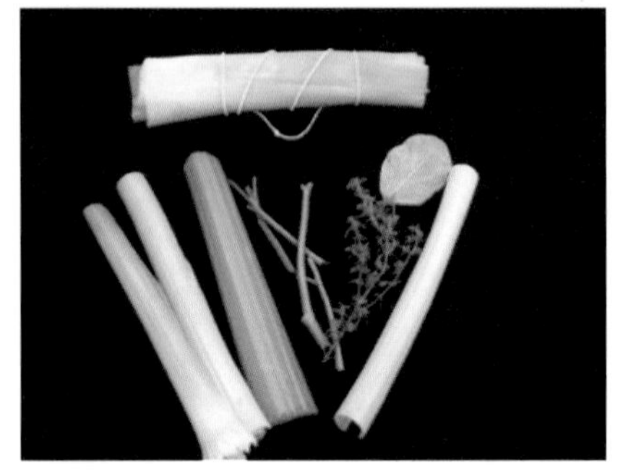
香料材料

香料包（Sachet D'epice / Spice Bag）

Sachet（發音 sa-shay）其法文的原意為「袋子」。所以 Sachet D'epice 的意思就是裝有辛香料的袋子，也就是香料包。香料包中通常會放有壓碎的黑胡椒粒和其他的辛香料或是香草。

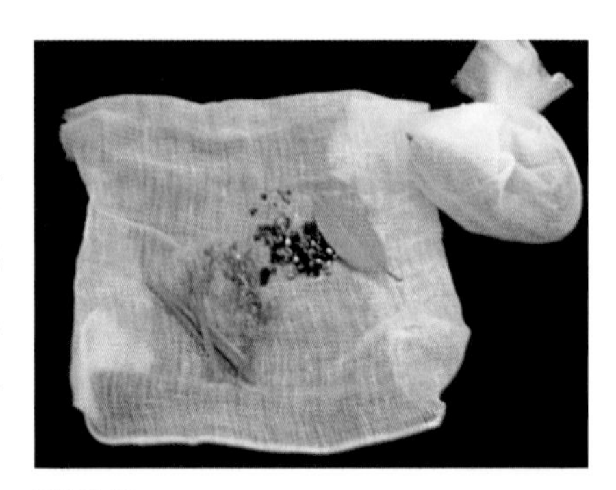
香料包

香味洋蔥（Onion Pique）

將月桂葉以丁香釘於洋蔥上，稱為香味洋蔥。

香味洋蔥常用於 Béchamel 醬汁中來增加醬汁的風味。

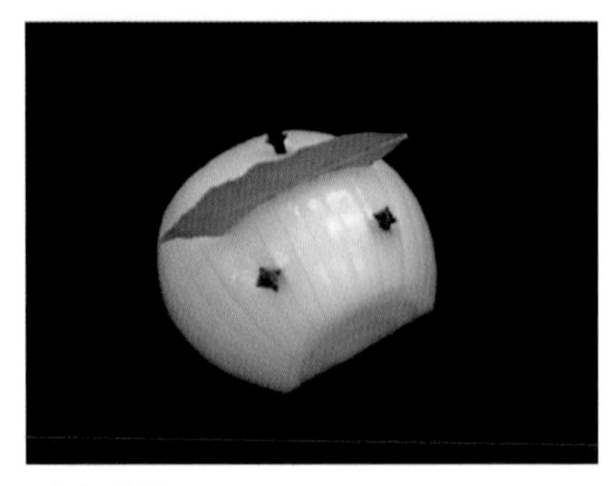
香味洋蔥

焦洋蔥（Onion Brule）

將洋蔥切半後，刀切面朝下置於平底鍋上，或刀切面朝上置於明火烤爐中，以高溫將洋蔥燒成焦黑色，藉由焦黑洋蔥中所含的焦糖（Caramelized Sugar）來增加湯的色澤。

焦洋蔥

番茄去皮及切粗碎／切丁（Tomato Concassé）

番茄不一定需要去皮，但去皮可提升番茄的口感，然而當我們要製備粗碎番茄丁（Tomato Concasse）則一定要去皮；否則煮好的醬汁中，往往會浮有番茄的皮。

番茄去皮

番茄通常以汆燙（Blanch）的方式去皮，汆燙番茄時間要短，否則番茄會糊掉。除了汆燙的時間要注意外，燙好的番茄也要立刻降溫，避免餘溫繼續將番茄煮熟，因此，要番茄汆燙前，前置作業一定要準備妥善。

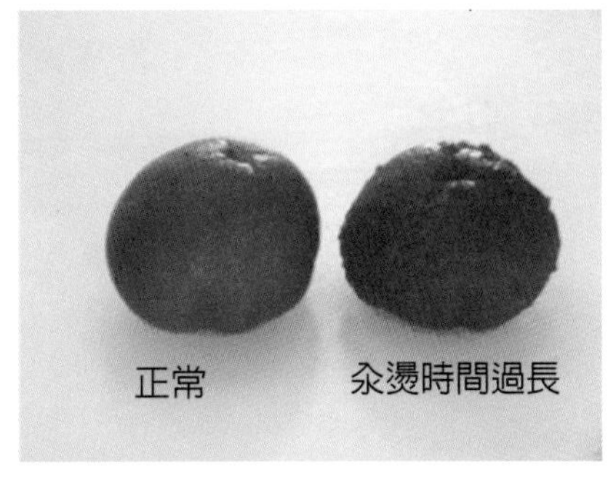

燙太久的番茄和正常者比較

番茄汆燙的前置作業

燙番茄的水量要足夠，以免番茄放入後會使水溫下降太多，不利去皮。水滾後放入番茄，依番茄本身的熟度，汆燙時間會有所不同。較生的番茄時間約為 20～30 秒，而熟的番茄約 10～15 秒。因汆燙時間短，要將降溫用的冰水及撈番茄用的器具準備好。

汆湯時間短，要將降溫用的冰水及撈番茄的器具備好

汆燙番茄

❶以去皮刀（Paring Knife）在番茄底端的皮輕輕劃開（以利剝皮）

❷將番茄蒂切除

❸水滾後就可以將番茄放入

❹燙好的番茄，迅速放入冰水中或立刻以水沖，讓番茄能迅速的降溫

❺以小刀輔助，將番茄皮剝除

番茄粗碎（Tomato Concassé）

所謂的番茄粗碎“Concassé”，就其法文的原意，僅僅是將食材粗略的切碎，在粗細上並沒有規範。而製作番茄粗碎時，習慣上會將番茄籽去除。番茄粗碎依使用目的，可以有兩種製備方式：

傳統製作方法

傳統上將番茄切粗碎的方式較簡便，但切出的番茄碎，外型大小不一，因此此法多用於製作番茄醬汁。

❶番茄去皮後對半切

❷番茄切半

❸直接用手將番茄籽擠出

❹擠出番茄籽

❺將番茄先切成條狀

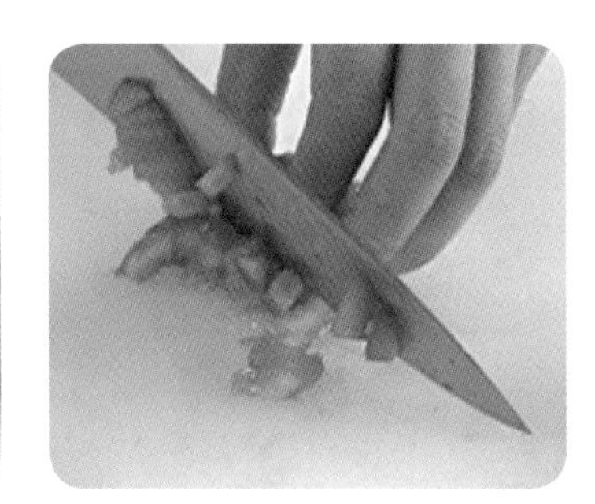

❻再切碎

盤飾用製作方法

若番茄粗碎“Concassé”會成為盤飾的一部分時，番茄切粗碎必須看起來工整美觀，切法上就要比較講究美觀，因此番茄切粗碎往往採用以下的方法製作：

❶番茄去皮後切成楔型

❷將番茄的籽囊切除

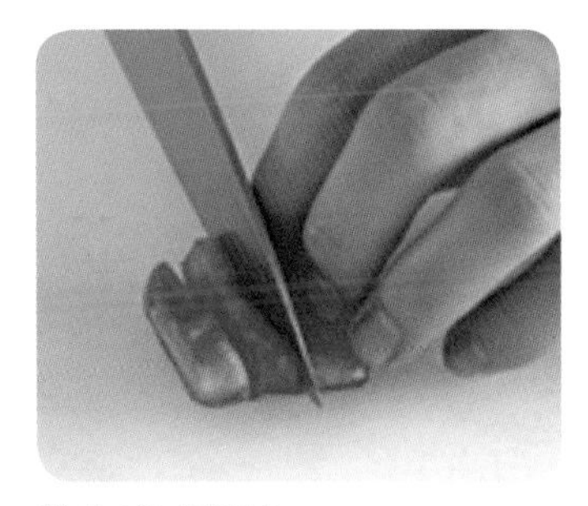

❸先切成條狀

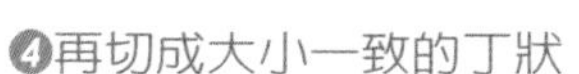

❹再切成大小一致的丁狀　❺成品

蛋白打發

打發蛋白宜選用新鮮的雞蛋。室溫的蛋白打發的效果較佳，因此蛋在打發前 30 分鐘，就要從冰箱取出，於室溫下回溫。打發蛋白所用的容器也必須乾淨，不可有油脂的存在，若油漬過多，會造成蛋白無法打發起泡。

蛋白的打發，可分成三個階段：

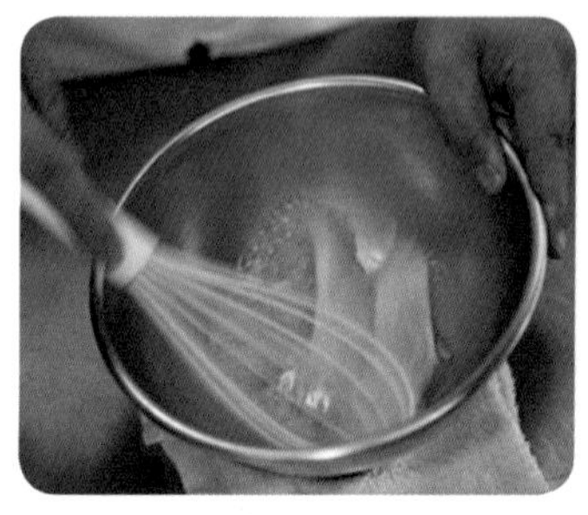

❶蛋白的拌打，一開始呈液體狀態，表面浮起很多大大小小不規則的氣泡

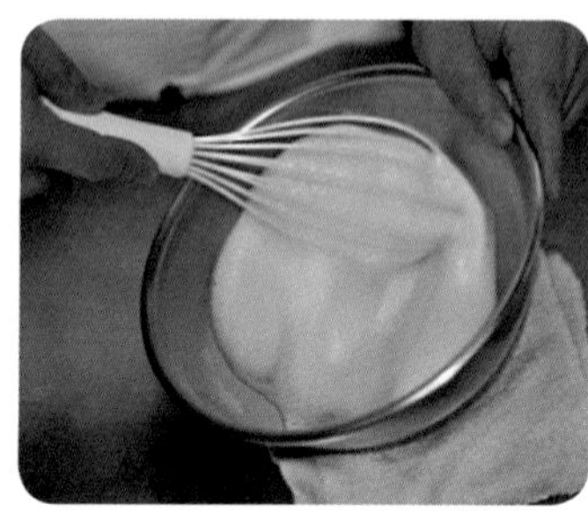

❷蛋白逐漸凝結，氣泡愈來愈均勻且細小

❸氣泡細小且均勻，蛋白潔白具光澤，以手指勾起呈一細長尖峰，將尖峰倒置不會滑落，但尖峰會下彎，此階段稱為濕性發泡期

鮮奶油打發

剛擠出來的鮮乳，靜置一段時間後，牛奶中所含的乳脂肪會逐漸的浮到牛奶的上層（因脂肪的密度較小），浮上來的部分就是所謂的鮮奶油。台灣

販售的鮮奶油，主要是以超高溫殺菌法製作的鮮奶油（UHT Cream），乳脂肪含量至少都有 35%。而打發的鮮奶油其結構是由許許多多的乳脂肪顆粒，將一顆顆的氣泡包圍起來。所以鮮奶油中的脂肪含量愈高，打發的鮮奶油就愈穩定。一般而言，乳脂肪至少要達到 30% 以上，泡沫才會穩定。鮮奶油打發後，體積會膨大到原先的 2～3 倍。鮮奶油通常要在攝氏 7℃以下才容易穩定的打發，因鮮奶油溫度愈低、愈濃稠、乳脂肪愈硬，彼此之間容易靠近在一起，愈容易打發，穩定性也會提升。

❶將鮮奶油倒入到打蛋盆中，下面放置冰塊讓乳肪脂變硬，有助於鮮奶油的打發

❷隨著拌打的進行，泡沫逐漸的生成，鮮奶油會逐漸膨鬆、變稠

❸拌打至以手指或打蛋器勾起呈一細長尖峰，將尖峰倒置，不會滑落，但尖峰會下彎，此階段稱為濕性發泡期

麵包丁（Crouton）

麵包丁（Crouton）指的是小片或是小塊的麵包，經烤過（烤箱、明火烤爐等）或以奶油（蔬菜油等）煎炒上色。麵包丁主要用在一些湯品或生菜沙拉上，作為搭配或裝飾之用。製作良好的麵包丁應呈焦黃色，口感不宜太油膩，同時要酥脆。

❶土司去邊

❷切成 0.8 公分的條狀

❸再切成 0.8 公分的丁狀

❹熱鍋，加入澄清奶油，油量需要稍微多一些

❺將土司丁放入鍋中翻炒到呈焦黃色

❻將炒好的麵包丁倒到餐巾紙上吸油

高湯（Stocks）

CHAPTER 3

3.1 高湯的基本組成（Basic Stock Components）

古典的法式料理中，高湯被稱為“Fonds de Cuisine”，英文是“Foundations of Cooking”，也就是「烹調的基礎」。這是說高湯在古典的法式料理中被視為是一切烹調的基礎。因為在古典的法式料理中，大部分的菜餚調理，或多或少都會使用到高湯。沒有好的高湯，自然就無法燒出好的菜餚。高湯自然成為西餐專業廚房中最基本、最重要的製備之一。

所謂的高湯是將動物的骨頭、香味蔬菜等，置於水中經長時間的小火慢熬，將其中精髓（包括食材的風味、色澤、口感和營養成份）釋入水中，得到的一種香味的液體。高湯之基本食材可分成四大部分：

骨頭（Bones）

骨頭是高湯的主要風味來源，也是高湯名稱的由來。常見的高湯骨頭種類可來自牛、小牛、雞、魚等。此外，我們通常都會把肉塊修整時所切下的碎肉、筋膜等，加到高湯中，用來增強高湯的風味。

有些廚師在製作高湯前會先將骨頭汆燙過，再以汆燙過的骨頭熬高湯。然而骨頭是否需經汆燙完全見仁見智，得依各人喜好而定。有一點可確定的是，用汆燙過的骨頭熬製高湯，較可確保高湯的清澈。然而汆燙過程中，許多的香味物質已經釋出，進到汆燙骨頭的水中，因而熬出的高湯風味上會較淡。

何謂骨頭的汆燙？

所謂的汆燙處理就是把骨頭先以冷水沖洗，除去表面的血水和雜質，置於鍋中，加入剛好可蓋住骨頭的冷水，將其加熱煮滾（此時液面上會有大量的浮渣），關火，把汆燙骨頭的水倒掉，骨頭取出並以冷水沖洗乾淨，再用此乾淨的骨頭來熬製高湯。

骨頭以冷水煮到滾後，將煮液倒掉

將骨頭上的浮渣沖洗乾淨後，即可用來熬煮高湯

但只要於熬煮過程中能把握住一些基本原則，骨頭不汆燙仍可熬煮出相當清澈的高湯。

一般而言，當我們所使用的骨頭或肉塊，其來源及品質無法確定時，製作高湯前骨頭或肉塊最好先經過汆燙處理過。而冷凍過的骨頭最好也能經汆燙處理。如果是用剛從動物身上取下之新鮮骨頭，則可直接用來熬製高湯，甚至於骨頭都不需清洗，因為骨頭中的血水還有助於高湯在熬製時的自然澄清。

調味蔬菜（Mirepoix）

熬煮高湯所用的調味蔬菜，包括有洋蔥、西芹和紅蘿蔔。但魚高湯的製作上，通常不會使用紅蘿蔔（顏色考量），而會以洋菇梗取代。調味蔬菜切割時也不需要刻意切割的很完美，其原則上大小一公分左右約需熬煮一個小時。所以若熬煮的時間長，就要切大一些，若小於一小時，則切小一些。製作褐高湯時，通常會將調味蔬菜烤或是炒上色，還會加入番茄糊，以增進高湯的風味及顏色。

辛香調味料（Aromatics）

高湯中通常都會加有標準香料包或香料束，除了百里香、月桂葉、巴西利和胡椒等辛香料組合外，也會依高湯的種類或個人喜好，來加入不同的辛香料如蒜頭、茴香子、丁香等。

液體（Liquids）

通常我們是以冷水作為熬煮高湯的液體，偶而會加入些葡萄酒在其中（如熬製魚高湯時，會加入白葡萄酒）。

3.2 高湯製作的基本原則（Principles of Stock-making）

高湯的品質取決於兩大因素：食材的品質及正確的熬煮方法。食材的品質會影響高湯的風味、口感等；而高湯熬煮的過程，除了會影響高湯的清澈度外，還會影響高湯風味的粹取。為了要能熬製出好的高湯，下列一些影響高湯品質的因素都值得我們花時間去了解。

冷水開始煮起（Starting With Cold Water）

高湯製作的第一步都是從冷水開始煮起，然後緩緩的加熱。讓香味成份能夠逐漸的釋放出來。以冷水開始煮起也有助於高湯的澄清。

小火慢滾（Simmering）

高湯加熱時火力太小或是太大都會影響高湯的品質。因為高湯加熱時所產生的浮渣，需靠水滾時所產生氣泡之推力往上送，而浮於高湯的表面上；如果此種推力不足，一些浮渣會下沉而黏於鍋底造成鍋底燒焦。但如果火力太大，則水大滾時造成高湯的翻動，會再將原本浮於液面的浮渣重新帶回到高湯中，造成高湯的混濁。因此火力的控制極為重要。

小火慢滾的火力於專業術語稱為 Simmering 。其判斷方式是當高湯滾後有一些小的氣泡產生，而湯的表面僅有稍微的波動。

撈除浮渣與浮油（Skimming and Degreasing）

高湯於加熱過程中，液面上往往都會浮有一些浮渣及油脂，必須加以撈除以確保高湯的澄清。大部分的雜質及浮油都是在高湯剛開始加熱過程中產生。

香味食材（Flavoring Ingredients）

調味蔬菜切割的大小，與其於高湯中熬煮所需的時間成正比。熬煮所需的時間愈長，調味蔬菜切的應愈大，甚至完全不切。反之，熬煮所需的時間愈短，調味蔬菜切的應愈小，讓香味物質可以較短時間內完全的釋放出來。

熬煮時間要適當足夠（Enough Cooking Time）

高湯要以小火熬煮，直到所有食材的香味完全的釋放到高湯中，且各個食材的風味要完全融合，此時高湯具有圓熟的風味。熬煮所需的時間會因骨頭的種類而有差別：

- 白色或是褐色小牛高湯約需 6 到 8 小時。
- 牛高湯約需 8 到 10 小時。
- 白色或是褐色家禽高湯約需 2 到 3 小時，包括有雞、鴨、火雞等。
- 魚高湯則約需 30 分鐘。

過濾、冷卻和貯存（Straining, Cooling and Refrigerating）

煮好的高湯如果沒有馬上要使用，應迅速冷卻，加以冷藏或冷凍貯存，以延長其保存期限並合乎衛生的原則。

3.3 高湯的分類及製作（Stock Classification and Stock-making Process）

高湯就其所用材料的不同或是製作方式的不同，可區分成：白高湯（White Stock）、褐高湯（Brown Stock）、及魚高湯（Fish Stock）等。另外還有類似高湯，用來作為煮液之用的「調味煮液（Court Bouillon）」。

白高湯（White Stock）

基本上，各種骨頭都可用來熬煮成白高湯。習慣上我們多以牛骨或是雞骨來熬製白高湯。一個品質良好的白高湯幾乎不帶顏色或是顏色很淡，風味及澄清度佳。白高湯可用來調製醬汁（Sauces）、湯（Soups）等。高湯也經常被用在蔬菜、澱粉類食材之烹煮。

白高湯製作之基本步驟

白高湯的基本配方（1 公升）

材 料

骨頭……1 公斤

水……2 公升

調 味

蔬菜……125 克

辛香調味料……少許

作 法

1. 高湯鍋中放入骨頭及修整切下的碎肉。
2. 加入冷水，水需覆蓋過骨頭。
3. 緩緩加熱，撈除高湯液面上的浮渣。
4. 加入調味蔬菜、香料包（束）等。
5. 保持小滾，熬煮所需時間約：
   (1) 牛骨　8 小時
   (2) 小牛骨　6 小時
   (3) 雞骨　2～5 小時
6. 過濾，冷卻，並放入冰箱中儲存。

雞高湯（Chicken Stock）

材料

雞骨 ⋯⋯⋯⋯ 2 公斤
水 ⋯⋯⋯⋯⋯ 3.5 公升
調味蔬菜 ⋯⋯ 250 克
標準香料包 ⋯ 1 個

作法

❶雞骨清洗後放入高湯鍋內，加入冷水量要蓋過雞骨約 3～5 公分。開火加熱，由冷水煮起

❷煮滾後液面上浮起的浮渣及浮油要撈除乾淨。保持微滾

❸煮約 1 小時候，將調味蔬菜和香料包加入。再煮 1~2 小時，確定雞骨頭與調味蔬菜的風味完全釋放到湯中

❹高湯煮好後過濾，並將其迅速冷卻，放到冰箱中保存

褐高湯（Brown Stock）

褐高湯的製備首先將骨頭、調味蔬菜烤至深褐色，加入番茄或是番茄糊，然後加以熬煮。骨頭和調味蔬菜上色的顏色要夠，如此熬煮出來的高湯品質才會好。熬製褐高湯用的骨頭不需要經過汆燙處理。一般褐高湯可用來調製醬汁，如多明格拉斯醬（Demi-glace）、Jus Lie 和湯等。

褐高湯製作之基本步驟

褐高湯的基本配方（1 公升）

材料

材料	份量
骨頭（焦化）	1 公斤
油	少許
水	2 公升
調味蔬菜（焦化）	125 克
香料束 / 包	1 個

作法

1. 烤盤預熱，均勻的鋪上一層骨頭於熱烤盤中。
2. 將烤盤放進烤箱，直到骨頭烤成均勻的焦褐色。每隔一段時間翻動骨頭，以使上色均勻。
3. 骨頭呈淡黃色後，於此階段可將調味蔬菜加入，與骨頭一起烤。
4. 骨頭呈焦黃色後取出放入高湯鍋中並加水（水量以高過骨頭約 5 公分）。然後開始加熱熬煮。
5. 烤盤置於爐火上加熱，並將調味蔬菜炒呈焦黃色。
6. 加入番茄糊，繼續炒約 1～2 分鐘，倒入到高湯中。
7. 以紅葡萄酒 Deglaze 烤盤，倒入高湯中。

褐高湯（Brown Stock）

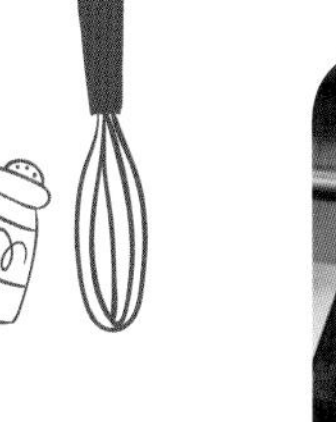

材料

骨頭（焦化）……2 公斤
油……少許
水……5 公升
調味蔬菜（焦化）……250 克
香料束（包）……1 個

作法

❶將烤盤（雞骨量少，以煎鍋取代）上一層薄油，於爐檯上加熱，鍋熱後均勻的鋪上一層雞骨，放進 220～230°C的烤箱中，每隔約 10 分鐘翻攪一下骨頭，使之均勻上色

❷雞骨烤約 20 分鐘（略微上色），加入調味蔬菜，繼續烤，直到雞骨呈黃褐色

❸雞骨呈焦褐色後，自烤箱中取出，將焦化的雞骨夾入高湯鍋中

❹加入水至淹過骨頭 3 公分以上，開火加熱。煮滾後要撈除浮渣，保持小滾狀態，煮約 1.5 小時

❺骨頭取出後，將烤盤（煎鍋）置於爐檯上，以小火加熱，讓調味蔬菜繼續上色，調味蔬菜呈焦糖色後，加入番茄糊，繼續炒約 2 分鐘

❻離火倒入適量紅酒去渣（Deglazed），以木匙輕刮烤盤底部，將沾附於烤盤底部焦化的汁液溶解

❼高湯煮約 1.5 小時後，將去渣的調味蔬菜及其汁液加入到高湯中，加入香料束，再以小火慢煮約 1.5 小時，直到香味完全釋出

❽高湯煮好後，以細的三角濾網過濾

❾濾出的高湯，如果沒有立刻使用，應迅速冷卻，放到冰箱中保存

魚高湯（Fish Stock）

所有的魚都可用來製作成魚高湯，但並非所有的魚都可製作成好的魚高湯。古典法式料理中，魚高湯一般都是選用油脂含量低的魚（如扁魚、鱸魚等白肉魚）來製作，避免選用油脂含量高的魚（如鮭魚、鮪魚等）。以油脂含量高的魚所熬煮出來的魚高湯，腥味較重，不受西方人喜愛。

材料

材料	份量
魚骨（浸泡冰水中）	1 公斤
白酒	100 克
水	1 公升
檸檬汁	1/4 粒

調味

西芹	50 克
蒜苗	50 克
洋蔥（切絲）	60 克
洋菇（梗部分）	25 克
黑胡椒粒	5 粒
月桂葉	1 片
百里香	1 支
巴西利（梗部分）	1 株

作法

❶香味蔬菜、魚骨、辛香料等，所有的食材（黑胡椒粒外），全部放置於湯鍋中

❷倒入水、檸檬汁及白酒

❸以小火慢滾 20 分鐘，並撈除浮在液面上的浮渣

❹加入黑胡椒粒，繼續再以小火慢滾 10 分鐘。熄火，浸泡約 20 分鐘，讓一些雜質沉澱下來，有助於魚高湯的清澈

❺將魚高湯過濾，迅速冷卻，再標示日期，最後放進冰箱保存，採先進先出原則

調味煮液（Court Bouillon）

所謂的調味煮液，製作方式與高湯非常相似，但並不像一般高湯一樣需長時間熬煮。也就是一種於短時間就可熬煮出來類似於高湯的煮液。調味煮液基本上是一種酸性的煮液，是將一些香味蔬菜（Aromatic Vegetables）、辛香調味料、酸性的食材（醋、葡萄酒或是檸檬汁）和水，以小火慢煮，直到食材的香味釋放到水中，所得的一種具有香味的煮液。傳統上，主要是用來作爲低溫水煮時的煮液（Poaching Liquid）。

材料

水	1.2 公升	檸檬（切片）	2 片
白酒醋	60 克	月桂葉	1 片
洋蔥（切絲）	120 克	百里香	1 支
西芹（切片）	60 克	巴西利梗	1 株
胡蘿蔔（切片）	60 克	黑胡椒粒	5 粒

作法

❶將所有材料放入湯鍋中

❷倒入水及白酒醋，開火加熱到滾

❸小滾約 30 分鐘後，熄火濾出備用

NOTE

醬汁（Sauces）

CHAPTER 4

4.1 醬汁的功用和組成（Functions and Components of Sauce）

醬汁在法國料理中占有極重要的地位。醬汁是讓法國菜能居世界領導地位的重要因素之一。要進入古典法國菜的殿堂，醬汁是最好的入門，被視為是廚師專業技能最重要的考驗之一。要能夠成功的將醬汁與食物完美的搭配與結合，需要高度的專業能力及技巧。

醬汁是一種熱或冷、具香味，略呈濃稠狀的液體。醬汁主要是用來搭配菜餚，來增進菜餚的整體風味。所以醬汁要能與菜餚中的各個食材相容、相配。通常醬汁必須要濃稠到能夠沾附到食物上，不宜像高湯一樣稀，否則會在盤子上到處流動。然而醬汁也不宜太過濃稠，這對菜餚反而會有負面的效果。

醬汁的功用

醬汁主要是用來搭配菜餚，來提升菜餚的整體風味及觀感。菜餚中的醬汁，其功用可被歸納如下：

- 賦予菜餚濕潤、多汁或濃郁的口感。
- 增進菜餚的風味、香味。
- 增加視覺及外觀上的享受（色澤及亮度）。
- 增加菜餚的趣味性，進而引發食慾。

醬汁的組成

最簡單的醬汁是將具香味液體以稠化劑使其濃稠。為了要讓其風味更為豐富，其中還可加入香味食材等。所以醬汁的組成份基本上可被區分成：液體、稠化劑、香味食材。

液體

液體是醬汁的基礎，決定著醬汁的屬性及特色。在艾斯可菲（A. Escoffier）所建立的古典法式料理醬汁分類系統中，基礎醬汁（可被用來衍生出許多不同的醬汁）仰賴不同的液體：

表 4.1 各式醬汁

基礎醬汁	液　體
Veloute 醬汁	白高湯（雞、魚等）+ 白麵糊
Béchamel 醬汁	牛奶 + 白麵糊
褐醬汁	褐高湯 + 褐油麵糊
荷蘭醬汁	澄清奶油
番茄醬汁	番茄泥（番茄 + 白高湯）+ 油麵糊

稠化劑

在古典法式料理中，油麵糊（Roux）是最常被使用的稠化劑。現今則經常以澱粉類（如玉米澱粉等）所取代。

香味食材

雖然醬汁中的液體部分，賦予醬汁基本的風味。然而加入額外的香味食材，可提升醬汁的香氣。

4.2 醬汁的分類（Sauce Classification）

古典法式料理中，艾斯可菲（A. Escoffier）將醬汁區分成二大類：

基礎醬汁 / 母醬汁（Grand Sauce or Mother Sauce）和小醬汁（Small Sauces）。

基礎醬汁（Grand Sauce）

醬汁之所以可以被稱為基礎醬汁，是因它必須要能夠可事先大量製作備用及儲存，經調製後能衍生出上百種以上的小醬汁或子醬汁，所以基礎醬汁又有母醬汁之稱。在古典法式料理中，共計有四大基礎醬汁，其名稱和主要的成份如上表 4.1。

基礎醬汁中的 Veloute 醬汁、Béchamel 醬汁及褐醬汁，很少直接拿來作為醬汁使用。它們通常被作為基底，用來調製其他醬汁。而番茄醬汁雖然也可以衍生出許多小醬汁，但經常被直接使用。

小醬汁（Small Sauces）

所謂的小醬汁，就是以基礎醬汁為基底，經濃縮、入味、加入配料、酒等來提升或改變基礎醬汁的風味，製作出的衍生醬汁稱之。

高湯 ＋ 油麵糊（稠化劑）＝ 基礎醬汁

基礎醬汁 ＋ 濃縮（配料）＝ 小醬汁

4.3　醬汁製作的基本技巧（Basic Sauce-making Techniques）

下列的基本技巧，經常用於醬汁的製作上，包括有：油麵糊（Roux）、去渣（Deglazing）、濃縮（Reduction）、拌入奶油（Monter au Beurre）。

油麵糊（Roux）

古典法式料理中，油麵糊是最常見的稠化劑之一。

油麵糊是藉由油脂將（麵粉中的）澱粉顆粒包覆住，而使澱粉顆粒彼此分離，減少湯汁中發生結塊的機會（澱粉顆粒結塊）。其做法是把 1 ： 1 （重量比）的奶油和麵粉混合於鍋中，以中小火加熱，不斷的攪拌，直到所要的顏色為止，如右圖。而加熱時間的愈長，油麵糊的顏色愈深。

加熱時間長短，與油麵糊顏色的變化

而油麵糊拌入湯汁中要把握的原則：油麵糊與湯汁必須要一冷一熱。

以油麵糊來稠化湯汁的方法

方法 1：

熱液體（高湯或牛奶等）加入冷的油麵糊中，一次加入約 1/3 的高湯到油麵糊中，攪拌均勻。重覆直到高湯加完。中小火加熱攪拌，直到高湯滾為止。

方法 2：

冷的油麵糊加到熱液體中，迅速攪拌直到油麵糊完全溶解，中小火加熱攪拌，直到高湯滾為止。

去渣（Deglazing）

所謂的「去渣」是將沾黏在鍋底焦化的肉汁、肉屑等，以高湯、葡萄酒等溶出，然後把去渣後的汁液加到醬汁中，來增強醬汁的風味。這個醬汁最後被調製成搭配該菜餚的醬汁。

倒入紅酒，將沾黏於鍋底的焦化肉汁等溶出

濃縮（Reduction）

濃縮是把湯汁加熱到沸騰，讓其中的水份蒸散，使汁液逐漸的變稠，風味也隨著水份的蒸散逐漸的增強。

保持小流，讓水份蒸發

拌入奶油（Monter au Beurre）

有些廚師會在醬汁起鍋前拌入奶油，讓醬汁口感更為滑順，此種完成醬汁的方法其專業術語稱為“Monter au Beurre”。醬汁中最後加入的奶油，有略微稠化醬汁的效果。但拌入奶油的醬汁並不穩定，容易因加熱過久或存放時間太長而導致油水分離。此類型的醬汁都是完成後即刻上桌。

拌入奶油時，醬汁不可煮沸。可使用打蛋器緩緩的將奶油拌入

4.4　基礎醬汁及其衍生的小醬汁介紹

褐醬汁（Brown Sauce/Sauce Espagnole）

古典法國料理中，褐醬汁指的是西班牙醬汁（Sauce Espagnole）和半膠汁或多明格拉斯醬汁（Demi-glace）。Sauce Espagnole 是把褐高湯加入油麵糊、焦化的香味蔬菜和番茄糊，熬煮濃縮而成。番茄糊除了可以加深褐醬汁的顏色外，還可增進醬汁的口感及風味。Demi-glace 則是把等量的 Sauce Espagnole 和褐高湯濃縮成一半而得。台灣的西餐習慣將褐醬汁、Demi-glace 之類的褐醬汁稱為“Gravy”。而古典的法式料理中，褐醬汁中會加入些許的油麵糊來增加醬汁的濃稠度。而近年來台灣版的褐醬汁（也就是所謂的 Gravy）多半已經不再加入油麵糊，這應該是受西方健康自然風潮的影響。

“Gravy”這個字在使用上，台灣與國外是有所差異的。在台灣“Gravy”用來泛指褐醬汁。在國外“Gravy”指的是調製自爐烤肉塊的醬汁。爐烤肉類時，滴在烤盤上乾掉焦化的肉汁，以去渣的方式將其溶出，作為調製搭配該肉塊醬汁的基底。

所以對西方人而言，“Gravy”是用來搭配爐烤食物的醬汁，調製上也會加入爐烤時所滴下的肉汁（乾掉焦化）。所以 Jus 就是 Gravy 的一種。北美地區習慣將以麵粉來稠化的爐烤醬汁稱為 Gravy。所以雞骨肉汁（Chicken Gravy）對北美地區而言，指的是烤雞時滴到烤盤上焦化的汁液，去渣（Deglazing）後連同褐化的調味蔬菜及雞高湯，以麵粉稠化所調製出來的醬汁。

台灣的雞骨肉汁（Chicken Gravy）是以雞骨熬製的褐醬汁（Brown Sauce）。做法是將雞骨及調味用蔬菜烤至深褐色，與雞高湯熬煮後所得的醬汁。近年來，受到國外健康自然風潮的影響，不再使用油麵糊（Roux），會以濃縮（Rduction）的方式來增加醬汁（雞骨肉汁）的稠度。

白醬汁（White Sauces）

古典法式料理中，白醬汁有兩種—— Béchamel 醬汁和 Veloute 醬汁。兩者都是以油麵糊為稠化劑，其中 Béchamel 醬汁是以牛奶為液體，而 Veloute 醬汁則是以高湯為其液體。白醬汁除了可用來作為醬汁的基底外，它也可用來調煮成湯。通常會依不同的用途，來調整醬汁的濃稠度。製作上的差別只在其濃稠度。

略稀的白醬汁（通常用來調煮湯）

製作一公升白醬汁需要油麵糊的量，約 75 到 90 克。

中等稠度的白醬汁（通常用來調煮醬汁）

製作一公升白醬汁需要油麵糊的量，約 95 到 110 克。

- **Béchamel 醬汁**

Béchamel 醬汁（Sauce Bechamel）被廣泛用在蛋類、蔬菜、低溫水煮的魚（Poached Fish）、焗等菜餚中。製作好的 Béchamel 醬汁可以水浴法（Water Bath）來保溫。然後藉由加入各種的食材，可以調製出多種不同的小醬汁。如 Béchamel 醬汁中加入乳酪就是所謂的 Mornay 醬汁。

- **Veloute 醬汁**

Veloute 醬汁（Sauce Veloute）是以白高湯（雞、牛、魚）加入白油麵糊（White or Light Brown Roux）稠化所得的基礎醬汁。在白醬汁中，Veloute 醬汁的地位日益重要、受歡迎。這是因為 Veloute 醬汁是以較清淡、健康的高湯為基底，較合乎現代人對健康的訴求。另一個原因是，以 Veloute 來製作成醬汁，較合乎法式料理的一個基本原則：菜餚中，用來搭配主食材的醬汁和主材料之間，一定要有相關性。Veloute 醬汁，可依主材料的不同，使用不同的高湯。

雞骨肉汁（Chicken Gravy）

材料	
雞骨	2 公斤
雞高湯	3 公升
調味蔬菜	250 克

調味料	
標準香料包	1 個
紅酒	100 克
番茄糊	40 克

作法

❶將烤盤（雞骨量少，以煎鍋取代）上一層薄油，於爐檯上加熱，鍋熱後均勻的鋪上一層雞骨

❷放進 220～230℃的烤箱中，每隔約十分鐘翻攪一下骨頭，使之均勻上色

❸雞骨烤約 20 分鐘（略微上色），加入調味蔬菜，繼續烤，直到雞骨呈黃褐色

❹雞骨呈焦褐色後，自烤箱中取出，將焦化的雞骨夾入高湯鍋中

❺倒入雞高湯，以能蓋過雞骨為原則。置於爐檯上加熱。煮滾後要撈除浮渣，保持小滾狀態，煮約 1.5 小時

❻將調味蔬菜在爐火上繼續加熱，炒到水份蒸發，油脂逐漸變清澈後，將多餘的油脂倒出

❼將烤盤放回爐檯上，繼續炒，直到調味蔬菜大致呈焦褐色。此時可加入約一大匙的番茄糊，繼續炒約 1～2 分鐘

❽加入紅酒去渣（Deglaze）

❾將沾黏在鍋底的肉渣刮起

❿將去渣後的調味蔬菜倒到湯鍋中，此時可加入香料袋，繼續煮

⓫保持小滾，將液面上的浮渣撈除，煮 2.5～3 小時，骨頭的風味完全釋放出來

⓬將煮好的醬汁過濾，倒到醬汁皿中

⓭成品

蘑菇褐醬汁（Brown Mushroom Sauce）

蘑菇褐醬汁是以褐醬汁所衍生出來的小醬汁（Small Sauce）。其做法是用褐醬汁入味（蘑菇梗、月桂葉、百里香），加入紅葡萄酒及配料（蘑菇片）的方式調製而成。

材料

奶油	15 克	褐醬汁（雞骨肉汁）	250 克
蘑菇梗	30 克	月桂葉	1 片
蘑菇，切片	180 克	百里香	1 支
紅蔥頭，切碎	30 克	鮮奶油（Option）	50 克
紅葡萄酒	20 克	鹽及胡椒	適量

作法

❶紅蔥頭和奶油從小火炒約一分鐘。加入蘑菇梗，炒到蘑菇水份釋出後，倒入紅酒

❷加入月桂葉和百里香。將紅酒濃縮約剩一半

❸倒入雞骨肉汁，繼續煮約五分鐘

❹取另一鍋子，於醬汁鍋中以奶油翻炒蘑菇片，直到蘑菇軟化

❺將雞骨肉汁、紅酒等的煮液，直接濾到炒熟的蘑菇中，再加熱稠化

❻以胡椒及鹽調味。依個人喜好，如有需要可加少量的鮮奶油

Béchamel 醬汁
(Bechamel Sauce)

材料

牛奶……1 公升
白油麵糊……120 克
Onion Piquet……1 個
鹽及白胡椒粉……適量

作法

❶炒白油麵糊

❷牛奶分多次加入，每次加入後以打容器拌匀後，再加入下一批牛奶，以避免結塊

❸加入 Onion Piquet，小火煮 30 到 45 分鐘後，過濾，以水浴法保溫備用

Veloute 醬汁（Veloute Sauce）

材料

雞高湯……2 公升

白油麵糊……210 克

鹽及白胡椒粉……適量

作法

❶油麵糊製作完成後，分數次加入冷的白高湯

❷少量的高湯與油麵糊拌勻後，方可加入更多的高湯

❸小火慢煮 30～45 分鐘，直到不再有生麵粉味

❹適當的調味後、過濾、備用

4.5 小醬汁的製作

基礎醬汁加入香味食材後，經過簡單的烹調處理，改變、強化基礎醬汁的風味，或給予特殊的風味，即可調製成所謂的小醬汁。

艾斯可菲在其烹調指南中，列有數百種小醬汁的食譜外，也可依食物的屬性，加上自己的創意，調煮出不同的小醬汁，來搭配食物。在艾斯可菲的烹調指南中，基礎醬汁調煮成小醬汁的方法及技巧，可歸納如下（對一小醬汁而言同時可用二種以上的方法來調製）。

基礎醬汁 ＋ 香味食材 ＝ 小醬汁

濃縮（Reduction）
入味（Infusion）
配菜（Garnishes）
葡萄酒（Wine）
奶油、鮮奶油等稠化

濃縮（Reduction）

最常被用到的方法，是把不甜的葡萄酒（Dry Wines）、辛香料、新鮮香草植物、香味蔬菜等熬煮濃縮，香味溶出後，然後才加到基礎醬汁中。

葡萄酒（Wines）

以具甜味的強化葡萄酒（Fortified Wines）為主，如 Madeira 、Sherry 、Port 。一般做法是先將基本醬汁稍加濃縮後，倒入酒後即刻離火上桌。通常酒加入後就必須立刻上桌，而且不可再加熱，以免酒的香味揮發蒸散掉。

搭配食材或配料（Garnishes）

醬汁調煮好後，起鍋前才加入的配料，拌入後醬汁的製作就算完成。加入配料最常見的目的是用來提醒或強調，小醬汁調煮過程中所使用的食材，在小醬汁完成前，就被濾除掉了。例如我們製備以 Demi-glace 為基底的洋菇醬汁（Sauce Champignon），在調煮的過程中，會把洋菇加到 Demi-glace 中去熬煮，讓洋菇的香味完全的釋放溶入 Demi-glace 中。洋菇經長時間熬煮後，已不適合上桌，此時，會將其濾出。如果需要的話，可以炒一些洋菇，再加回醬汁中作為配料。所以並非回加的洋菇讓 Demi-glace 變成洋菇醬汁，而是在Demi-glace中熬煮的洋菇，被Demi-galce變成洋菇醬汁。

4.6 醬汁和食物的搭配

醬汁主要是用來增進食物或菜餚的整體風味。在搭配上醬汁還要能夠與菜餚中的各個食材相容、相配。古典法國料理於演進發展過程中，逐步建立了一套正式且合乎邏輯的準則 —— 肉類與醬汁之間要能有相關性及一致性。例如一道羊肉的菜餚，其所搭配的醬汁，是以羊高湯所調製的醬汁，含有羊肉特殊的基本風味，最能夠和羊肉本身相容、相配。因此在挑選合適的醬汁時，必須要注意以下各點：

醬汁要能與主食材的烹調方式相搭配

有些烹調方式在烹調過程中會生成一些具香味的物質（通常為食材受熱後所釋出的汁液），這也就是烹調時食物所流失的風味，將其轉化成醬汁，重新加回到菜餚中。例如爐烤時滴下的肉汁，煎炒後鍋底所留下焦黃色、乾掉的肉汁等。低溫水煮後的煮液，燉煮後的湯汁等，都會被調製成搭配該食物的醬汁。

醬汁的風味要能與食物相輔相成

肉質、風味細緻的鱈魚、扁魚，搭配上具淡淡乳香的鮮奶油醬汁（Cream Sauce），有相得益彰的效果。

此類醬汁會用到二種技巧：去渣（Deglazing）及濃縮。去渣是將受熱後焦化乾掉的汁液重新溶出。濃縮可去除多餘的水份，讓風味更為香濃。結合烹調方式的醬汁包括有：

低溫水煮（Poaching）

低溫水煮後的煮液（溶有主食材的香味及營養成份），經濃縮成為製作醬汁的基底。其基本步驟如下：

1. 以大火將煮液沸騰、濃縮。
   - 加入事前準備好的醬汁。
   - 加入動物性鮮奶油，濃縮呈 Nappé 後，加入配菜等搭配性的食材。
2. 加入最後的辛香調味料及鹽與胡椒調味。

爐烤（Roasting）

烤盤上沾附的一些乾掉、呈焦褐色的肉汁，具濃郁的肉香，經葡萄酒、高湯等去渣後，作為製作搭配該肉塊的基底。其基本步驟如下：

1. 肉塊烤好取出後，把烤盤置於爐檯上，以小火將調味蔬菜炒成焦黃色。
2. 將烤盤中多餘的油脂倒除，以（紅）葡萄酒、高湯等液體，將沾附於烤盤底部的一些乾掉成份溶出（專業術語稱為 Deglaze）。
3. 倒入醬汁鍋中，以小火煮（Simmer）數分鐘，撈除液面的浮油，調味，即得所謂的肉汁（Jus）。若我們加入少量的玉米粉，所得到的就是稠化肉汁（Jus Lié）。

煎（Sauteing）

肉塊煎炒完成取出後，鍋底沾附的一些乾掉、呈焦褐色的肉汁，具濃郁的肉香，經葡萄酒、高湯等 Deglazing 後，就成為製作搭配該肉塊的基底。其基本步驟如下：

1. 將煎鍋中煎過食物的油脂倒掉。
2. 重新加入奶油（或其他的油）。
3. 加入要切碎的洋蔥（或紅蔥頭等）炒軟或炒香。
4. 加入高湯、葡萄酒、水等液體。如果是要 Deglazing，以木匙（Wooden Spoon）把沾黏於鍋底的肉渣等刮起，並溶入所加的液體中。
5. 加入不需 Sweat 或是 Saute 的食材。
6. 以中火到大火濃縮鍋中的汁液。

7. 加入 Cream，然後濃縮。

8. 加入最後的辛香調味料及鹽與胡椒。

燉（Braising）

燉煮後的湯汁，經濃縮稠化後，作為醬汁使用。

CHAPTER 5

湯——清湯（Clear Soups）

5.1 湯的分類（Soup Classification）

湯在人類的飲食文明中一直都占有重要的地位。自古湯在西方社會，一直代表著窮人和農民日常生活中完整的一頓飯。這是因為這些人每天有做不完的粗活，要解決一頓飯最好的方法，就是把所有要吃的食物（蔬菜、澱粉類、肉等），外出工作前，全部放進鍋中慢慢燉煮，回到家便可食用。這些湯的食材和製作方式都反映當時的風俗習慣和社會經濟狀況。從一些所謂的國湯（National Soups）中，如義大利蔬菜湯（Minestrone）、蘇格蘭羊肉湯（Scotch Broth）等可看出一些端倪。這些湯在製作上都相當簡易，所用的都是當地最普遍且便宜的食材，許多食材可以很容易的從田裡或是自家的花園裡取得。因此食料包括多種的蔬菜、馬鈴薯、豆類等。在經濟狀況較佳時，湯裡面會加有肉、培根等讓湯更為豐富、美味。

在古典的法式料理中，艾斯可菲將湯歸納成二大類：清湯、濃湯。

清湯（Clear Soups）

所謂的清湯指的是那些湯液清澈、未經稠化的湯。清湯中常見的湯飾包括有各式的蔬菜、豆類、穀類、肉類、家禽等。清湯又可被區分成：

蔬菜／肉類清湯

基本上肉湯和蔬菜清湯二者所用的食材近似，但蔬菜清湯（Clear Vegetable Soup）是以蔬菜為主體，其中若含有肉類，通常只是少量。肉類清湯（Broth）中則含有較高比例的肉。二者常用的蔬菜通常是便宜且容易取得的種類，如洋蔥、紅蘿蔔、西芹、高麗菜、馬鈴薯等。

澄清湯（Consommé）

以牛肉、家禽或海鮮等為食材，經澄清處理（Clarification），讓湯液清澈透明、香味豐富。澄清湯製作上較耗時費工，成品也較精緻，多見於正式的宴會中。

濃湯（Thick Soups）

所謂的濃湯就是藉由澱粉（如油麵糊或是豆類、馬鈴薯等澱粉類蔬菜）來稠化的湯。濃湯的名稱通常是以其中主要的香味成份來稱呼（如青花菜奶油濃湯）。濃湯煮好打成泥後，通常還需以孔洞較大的濾網來過濾，將湯中一些較粗的顆粒濾除。濃湯不宜以細孔的濾網過濾，這是因為細孔濾網也會將賦予濃湯厚實口感的細小食材顆粒給濾除掉，使濃湯變稀、缺少厚實的口感。濃湯會因其中所用食材、稠化劑不同，湯的質感也會有所差異。例如鮮奶油濃湯以油麵糊（麵粉）為稠化劑，喝起來口感光滑順口；泥湯經常以豆類為食料，加上常以馬鈴薯為稠化劑，讓泥湯的口感較粗。

5.2 蔬菜清湯（Clear Vegetable Soups）

所謂的蔬菜清湯就是以水或高湯為湯底，蔬菜為其主要的香味食材，所煮出來的湯。蔬菜清湯可用的蔬菜種類，基本上沒有任何的限制，所以蔬菜清湯的變化極大。蔬菜清湯可由單一蔬菜來製作如法式洋蔥湯，也可用多達十種以上的蔬菜如義大利蔬菜湯。除了蔬菜外，有些蔬菜清湯裡面還會加入澱粉質的食材（如馬鈴薯）、肉類等。有些蔬菜清湯上桌前還會灑上新鮮香草植物（Herbs）、煎烤過的麵包丁（Crouton）、乳酪絲（Grated Cheese）等。

蔬菜分切時需注意刀工，切出大小適當且外型一致的蔬菜，除有助於受熱均勻外，也有助於湯的外觀。然後以小火慢煮，直到所有的蔬菜煮透變軟為止。

蔬菜清湯製作的基本步驟

1. 以小火將蔬菜炒軟，但不上色。
2. 加入高湯或水。
3. 煮滾後撈除浮渣。
4. 加入香料束或香料包。
5. 將尚未加入的食材，依烹煮所需的時間分別加入。

6. 湯煮好後，將香料束或香料包取出。

7. 加入最後的湯飾，上桌給客人食用。若沒有馬上要食用，迅速冷卻並放入冰箱中存放。

- **義大利蔬菜湯（Minestrone）**

義大利蔬菜湯就和義大利麵一樣，在義大利相當的普遍。這道湯所用的蔬菜食材非常豐盛，常見的包括有洋蔥、西芹、紅蘿蔔、番茄、豆類等。除了蔬菜外，往往還會有一些澱粉類食材，如義大利麵、米飯等。基本上義大利蔬菜湯並沒有固定的配方（典型的農夫湯），它是以季節性的蔬菜來製作。可以是純素的蔬菜湯，當然也可以有肉在其中（台灣習慣加培根）。義大利蔬菜湯也會受區域物產及飲食習慣的影響，所加入的食材就會有所差異。

- **蔬菜片湯（Paysanne Soup）**

"Paysanne" 在法文中有「農夫」的意思。在法國料理中菜單中出現 "Paysanne" 這個字，指的是「鄉材或農夫」風格的菜餚。農夫通常都相當忙碌，所以農夫風格的菜餚，通常不宜費時費工。強調的是菜餚「簡單、不複雜，但卻相當的豐盛」。

"Paysanne" 這個字用於法式料理中，指的是切指甲片的蔬菜。因為農夫做菜時經常把蔬菜切薄片。通常切指甲片的蔬菜以根類蔬菜為主。葉菜類則以高麗菜（Cabbage）和青蒜（Leek）較常見。切指甲片的蔬菜，多半只用於湯裡。

農夫風格的菜餚並不要求精準的食材量取，食材的選用也不會有特別的限制，但食材必須要新鮮且合乎季節性。

- **蔬菜絲清湯（Clear Vegetable Soup with Julienne）**

所謂的蔬菜絲清湯，其實是以「蔬菜絲為湯飾（Garnish）的清湯」。最簡單的作法只需將蔬菜絲加入到高湯中煮熟即可。在高湯方面，許多人喜歡用（牛）褐高湯，當然白高湯也可以。至於蔬菜方面常見的包括有洋蔥、西芹、胡蘿蔔、白蘿蔔、青蒜等；也有些人會放入西生菜葉。春、夏季節則會加入季節性的蔬菜，如蘆筍、新鮮豆類等（從西餐丙級的資料來看，這道湯似乎是強調「素食」的版本。所以考生必須要熬煮蔬菜高湯，然後加入汆燙過的蔬菜絲即可。）

- **法式焗洋蔥湯（French Onion Soup au Gratin）**

自古希臘、羅馬時代，洋蔥湯即是非常普遍的菜餚。對歐洲人而言，洋蔥栽種容易、產量也多，自古就被視為是窮人的食物。現今的法式焗洋蔥湯，源自十八世紀的法國，是以牛高湯及焦糖化的洋蔥來製作。上桌前會在湯上面放上麵包及乳酪（Gruyère Cheese），然後以明火烤爐焗烤上色。洋蔥湯的風味，主要取決於洋蔥的焦化程度。因此製作上必須以小火來炒洋蔥，讓洋蔥中的糖分可以緩緩的溶出焦化，生成複雜、豐富的焦洋蔥香氣，炒洋蔥的過程往往要耗掉 20～30 分鐘。

- **曼哈頓蛤蠣巧達湯（Clam Chowder—Manhattan Style）**

蛤蠣巧達湯源自美國。蛤蠣巧達湯有兩種，一種是番茄為基底的曼哈頓蛤蠣巧達湯（Manhattan Clam Chowder）；另一則是鮮奶油為基底的新英格蘭蛤蠣巧達湯（New England Clam Chowder）。過去，美國人對二者間一直都有些爭執，甚至在 1939 年的時候，緬因州的議會甚至還辯論過是否要將蛤蠣巧達湯中加入番茄視為犯罪行為。

紐約人很堅持蛤蠣巧達湯中一定要加番茄，他們稱之為曼哈頓蛤蠣巧達湯。曼哈頓蛤蠣巧達湯的出現歸因於紐約的義大利人和羅德島的葡萄牙漁夫。由於他們對番茄的熱愛，在 1930 年代，就出現了番茄版的曼哈頓蛤蠣巧達湯。

義大利蔬菜湯（Minestrone）

材料

培根（切碎）	30 克	高麗菜（切絲）	30 克
橄欖油	10 克	蒜頭（切細碎）	3 克
洋蔥（指甲片）	30 克	番茄丁	50 克
西芹（指甲片）	30 克	雞高湯	1.5 公升
胡蘿蔔（指甲片）	30 克	通心麵	20 克
青椒（指甲片）	30 克	巴馬森乳酪	1/2 匙

作法

❶湯鍋內，以少許的橄欖油炒培根碎，以小火將培根的油脂逼出（不上色）。然後加入洋蔥、胡蘿蔔，繼續以小火將洋蔥炒到軟，稍呈透明

❷把剩餘的蔬菜如西芹、高麗菜加到湯鍋中，稍微拌炒後，加入蒜頭，炒到香味出來為止

❸倒入雞高湯，加入馬鈴薯青椒和番茄丁

❸約煮五分鐘後，加入通心麵

❹煮至馬鈴薯及所有的蔬菜都熟透，以鹽、胡椒調味後即可起鍋裝盤

❺盛盤後灑上巴馬森乳酪

蔬菜片湯（Paysanne Soup）

材料

奶油	20 克	高麗菜（指甲片）	50 克
洋蔥（指甲片）	50 克	馬鈴薯（指甲片）	50 克
西芹（指甲片）	50 克	番茄丁	50 克
胡蘿蔔（指甲片）	50 克	雞高湯	1 公升
白蘿蔔（指甲片）	50 克		

作法

❶以奶油將洋蔥炒軟。然後加入胡蘿蔔繼炒數分鐘

❷加入西芹炒約 1～2 分鐘

❸倒入高湯。然後加入馬鈴薯、白蘿蔔、高麗菜、番茄丁及香料束

❹煮到所有蔬菜皆熟透即可

❺成品

蔬菜絲清湯（Clear Vegetable Soup with Julienne）

材料

橄欖油	20 克
洋蔥	150 克
西芹	75 克
胡蘿蔔	75 克
焦洋蔥	1 個
番茄丁	半顆
香料束	1 個
水	1.2 公升
湯飾：胡蘿蔔絲	30 克
西芹絲	30 克
青蒜	30 克

作法

❶湯鍋中依序濕炒洋蔥、胡蘿蔔、西芹

❷加水後，放入焦洋蔥、番茄丁和香料束。煮約 45 分鐘

❸以細的三角濾網過濾

❹將蔬菜絲分別以蔬菜高湯燙熟，取出後備用

❺上桌前把蔬菜高湯加熱，撈除浮油。把適量的蔬菜絲放置於湯碗中，並倒入滾燙的蔬菜高湯

❻成品

法式焗洋蔥湯（French Onion Soup au Gratin）

材料

奶油	20 克	月桂葉	2 片
洋蔥（切絲）	500 克	鹽及黑胡椒粉	酌量
牛高湯	1 公升	法國麵包	4 片
香料束	1 個	葛莉亞乳酪，切絲	50 克

作法

❶湯鍋燒熱，以小火溶解奶油，將洋蔥絲放入鍋中炒。炒的過程中，洋蔥會逐漸脫水，顏色亦逐漸加深

❷洋蔥絲炒成焦黃色後，倒入牛高湯

❸加入月桂葉、香料束，小火煮約 10 分鐘

❸以湯杓將煮好的洋蔥湯舀入湯碗中，上面放置 2～3 片烤上色的法國麵包片

❹將葛莉亞乳酪絲灑在麵包上，放入明火烤箱下或 225°C的烤箱中，直到乳酪呈焦黃色

❻成品

曼哈頓蛤蠣巧達湯（Clam Chowder—Manhattan Style）

材料

材料	份量	材料	份量
蛤蠣	1 公斤	蒜頭碎	1 小匙
水	250 公升	高湯	750 克
培根（切碎）	50 克	番茄丁	200 克
洋蔥	150 克	馬鈴薯	100 克
紅蘿蔔	75 克	標準香料袋加奧勒岡	1 個
西芹	75 克	鹽／白胡椒	適量
青蒜	50 克	Tabasco、梅林醬	適量
青椒	75 克		

作法

❶以水將蛤蠣蒸或煮熟

❷將蛤蠣肉取出備用；煮液將沉澱的沙濾掉

❸取湯鍋，培根碎以小火將油脂逼出（不上色），加入洋蔥、紅蘿蔔、青蒜以小火慢炒，直到洋蔥呈些許透明後，加入西芹、蒜頭碎，繼續炒至聞到蒜頭香

❹加入高湯

❺加入蛤蠣煮液（避免將沙倒入）

❻然後加入馬鈴薯、和香料袋。以小火慢滾約 10 分鐘

❼撈除浮渣

❽加入番茄丁和青椒

❾煮到馬鈴薯和其他的食料皆熟透。加入蛤蠣肉，取出香料束

❿以鹽、胡椒調味後，加入少許梅林醬油和Tabasco 提味

⓫成品

5.3 肉類清湯（Broth）

基本上肉類清湯和蔬菜清湯極為相近，差別主要在肉的多寡。肉類清湯中含有較高比例的肉，而蔬菜清湯則是以蔬菜為主體，少量的肉是用來提升風味。但二者所用的蔬菜皆源自農家，都是當地容易取得的農作物為主。

- **蘇格蘭羊肉湯（Scotch Broth）**

這是一道蘇格蘭傳統的湯。湯的內容相當的豐盛（Hearty）。蘇格蘭羊肉湯用的是"Broth"這個名稱。"Broth"指的是加肉塊所熬煮出來的清湯（通常都相當的清澈）。然而蘇格蘭羊肉湯並不清澈且略帶濃稠的口感，這是因為湯裡面加有大麥（Barley），經長時間的燉煮後，大麥中的澱粉質讓湯變得濃稠混濁。但也讓湯多了一種飽足的口感。

在台灣我們習慣以「珍珠薏仁」來製作這道湯。而「珍珠薏仁」就是所謂的珍珠大麥，是脫去不可食用且堅硬的穀殼（Outer Hull），並經精白化（Polished 或 Pearled）處理的大麥。此外湯中還會加入多種不同的蔬菜，讓蘇格蘭羊肉湯喝起來的口感比較接近燉的菜餚而非清湯（Broth）。

蘇格蘭羊肉湯所用的食材，除了蘇格蘭地區相當普遍的羊及大麥外，其他常見的食材還包括當地容易取得的根莖類蔬菜（Root Vegetables），如洋蔥、胡蘿蔔、蕪菁（Turnip）等。常見的綠葉蔬菜則包括高麗菜、青蒜（Leek）等。

蘇格蘭羊肉湯是道蘇格蘭的家常菜，所以製作上並沒有嚴謹固定的料理方式。有些人會先將羊肉炒過；有些則是先將羊肉汆燙過；也有些直接將羊肉、高湯（或水）及大麥一起去煮等。本書則是採將羊肉汆燙過的料理方式。

蘇格蘭羊肉湯（Scotch Broth）

材　料

羊腿肉（切 0.6~0.7 公分）	500 克	西芹（小丁）	120 克
大麥	150 克	青蒜（白色部分，小丁）	60 克
羊／雞高湯	1.6 公升	白蘿蔔（小丁）	60 克
胡蘿蔔（小丁）	120 克	高麗菜（小丁）	60 克
洋蔥（小丁）	120 克	巴西利（切碎）	適量

作 法

❶汆燙羊肉。羊肉從冷水煮起，加熱到滾後即可取出以冷水洗乾淨

❷將洗淨的羊肉倒回到鍋中

❸加入高湯，煮約 30 分鐘後加入大麥

❹將浮渣撈除

❺煮約 2 小時，羊肉接近完全軟化時，加入蔬菜

❻煮至羊肉、大麥、蔬菜皆完全軟化

❼湯裝盤後，灑上巴西利碎

5.4 澄清湯（Consomme）

古典法式料理中，澄清湯是一種最為精緻、高級的湯。其做法就是將高湯藉由澄清的食材（絞肉和蛋白），將懸浮於高湯中的小顆粒吸附移除，同時將絞肉等食材的營養及香味釋放到湯汁中。製作良好的澄清湯，外觀上清澈透明，喝起來香味濃郁、口感十足。澄清湯製作上需要相當的技巧，但只要能掌握住一些細節。製作出品質良好的澄清湯並非難事。澄清湯在製作上除了食材品質要好外，使用前一定要保持冰冷（特別是澄清用的食材）。煮好的澄清湯上桌前一定要將浮油吸除，湯面上不能有任何的浮油。澄清湯的色澤由金黃色到褐色皆宜，但牛肉澄清湯的顏色較深。澄清湯通常都會加入焦洋蔥（Onion Brule）來增加色澤。

澄清作用的機制和肉餅（Raft）的形成

澄清的過程主要是藉助於絞肉和蛋白中所含的一種稱為白蛋白（Albumin）的蛋白質。這種蛋白質受熱後會凝結，而凝結的過程中會吸附懸浮於湯液中的小顆粒，最後會與其所吸附的一些雜質一起浮到液面上，逐漸的聚結成一大塊肉餅，湯液因而得以澄清。然而白蛋白主要溶於冷的液體中，因而為使白蛋白的效用發揮最大，就一定要由冰冷的高湯或肉湯開始煮起。而澄清的加熱過程也不宜太快，因為緩慢的加熱會使更多的白蛋白溶出，來吸附更多湯液中懸浮的雜質。

澄清湯製作的基本步驟

1. 將澄清所需的材料（絞肉、蛋白、調味蔬菜等），混合均勻。
2. 湯鍋中倒入冰冷的高湯，將步驟1.混合均勻的食材法倒入，攪拌均勻。
3. 將湯緩緩加熱，同時以木匙一直攪拌，直到肉餅開始形成（約55℃），停止攪拌，直到浮渣形成的肉餅完全成形。
4. 以小火熬煮約45分鐘至1小時，讓食材的香味完全的釋放出來。
5. 把澄清湯小心的過濾出來。湯表面若有浮油，以吸油紙輕輕帶過湯面，如有必要則反覆數次，即可將所有浮油吸除。

雞肉澄清湯（Chicken Consomme）

材料

材料	份量	材料	份量
雞絞肉	500 克	胡蘿蔔	50 克
蛋白	2 個	月桂葉	2 片
番茄丁	半顆	巴西利梗	2 支
焦洋蔥	1 個	百里香，乾燥	1 小匙
洋蔥	100 克	黑胡椒	數粒
西芹	50 克		

作法

❶將蛋白以打蛋器略為拌打後，將所有食材和蛋白混合均勻

❷將混合好的食材倒入到盛有冷高湯的鍋中，以木匙將食材和高湯均勻的混合。以中小火加熱，以木匙繼續的攪拌

❸當湯開始出現白色的顆粒，或是達到約55℃時，立刻停止攪拌

❹液面上的浮渣會逐漸生成一層肉餅。此時應將爐火調小，否則會讓湯液大滾

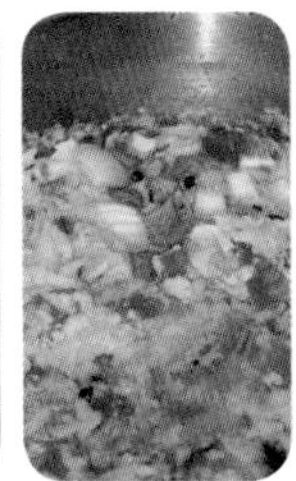

❺肉餅完全成形後，保持小滾，繼續煮約 45～60 分鐘，直到食材風味完全釋放到湯液中

❻將澄清湯過濾出來

❼以紙巾（吸油）輕輕的拉過湯面，重覆數次，便可將浮在澄清湯上面的浮油給吸除乾淨

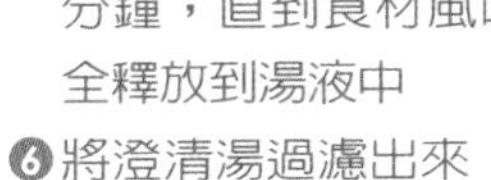

1. 食材要冰冷狀態
2. 加熱時要一直以木匙攪拌直到約 55℃才停止。
3. 加入不同的湯飾，就是不同名稱的澄清湯。如：
   - 蔬菜小丁（Brunoise）
   - 蔬菜絲（Julienne）

NOTE

CHAPTER 6

湯——濃湯（Thick Soups）

6.1 奶油濃湯（Cream Soup）

所謂的濃湯就是一種濃稠、不清澈的湯。濃湯的稠化方式，除了是藉由油麵糊、麵粉等澱粉類稠化劑，有些則是以豆類、含澱粉質的蔬菜等打成泥後，使湯液稠化。

鮮奶油濃湯（Cream Soup）

古典的法式料理中，鮮奶油濃湯是以 **Béchamel** 醬汁稀釋作為湯底、起鍋前加入鮮奶油完成的濃湯。現代廚房裡，已經很少人以稀釋的 **Béchamel** 醬汁，來製作鮮奶油濃湯，今天鮮奶油濃湯的製作往往是以 **Veloute** 醬汁為湯底，起鍋前加入牛奶或鮮奶油來完成。另外現代廚房裡，愈來愈少人會事先製備 **Béchamel** 醬汁或 **Veloute** 醬汁，最簡單的解決方式是將香味蔬菜炒軟後，直接灑上麵粉，有點近以炒油麵粉的效果，然後把液體加入即可達到 **Béchamel** 醬汁或 **Veloute** 醬汁的效果。

鮮奶油濃湯的基本製作方法

1. 以小火將香味蔬菜等（包括調味蔬菜），濕炒（**Sweat**）不上色直到蔬菜軟化。
2. 加入湯底以及未加入的蔬菜（不耐久煮的蔬菜），同時將湯加熱至小滾。
3. 小火慢燉，直到所有蔬菜熟透變軟，湯的香味完全的散發出來。
4. 將湯以食物調理機或是果汁機將其打成泥。如有必要請調整湯的濃稠度。
5. 上桌前，加入熱的鮮奶油。

注意

「濕炒」是以小火將蔬菜炒軟、不上色。可加少許的鹽或是蓋上鍋蓋，使蔬菜的汁液流出減少蔬菜燒焦上色機會。

對一些易熟或是久煮易變色的蔬菜（如花菜綠色部分、青豆仁等），最好是在步驟 2. 才可加入到湯中。

洋菇奶油濃湯（Cream of Mushroom Soup）

材料

奶油	20 克	麵粉	3 大匙
洋菇	200 克	雞的 Veloute 醬汁	1 公升
洋蔥	50 克	標準香料包	1 個
西芹	25 克	鮮奶油	150 克

作法

❶以奶油小火濕炒洋蔥直到洋蔥軟化。加入西芹、洋菇梗，略炒1～2 分鐘

❷加入切片的洋菇，略炒 1～2 分鐘

❸倒入雞的 Veloute 醬汁，並加入香料包

❹煮約 20 分鐘後，將香料包撈出

❺煮好的湯放入果汁機中，每次以裝 1/3 滿為原則

❻以果汁機將其打泥，蓋上一條手巾，以防止熱湯濺出

❼以粗孔的三角濾網過篩

❽把打成泥的洋菇加熱至小滾，緩緩加入鮮奶油，再加熱數秒，但不可以滾

❾裝盤，放上炒過或燙過的洋菇片作為湯飾

TIPS

1. 蔬菜不可炒上色。
2. 蔬菜一定要煮透，才能打泥。

青花菜奶油濃湯（Cream of Broccoli Soup）

材料

青花菜（梗、花分開）	500 克	青蒜	30 克
奶油或蔬菜油	25 克	麵粉	30 克
洋蔥	60 克	雞高湯	0.5 公升
西芹	30 克	鮮奶油	120 克

作法

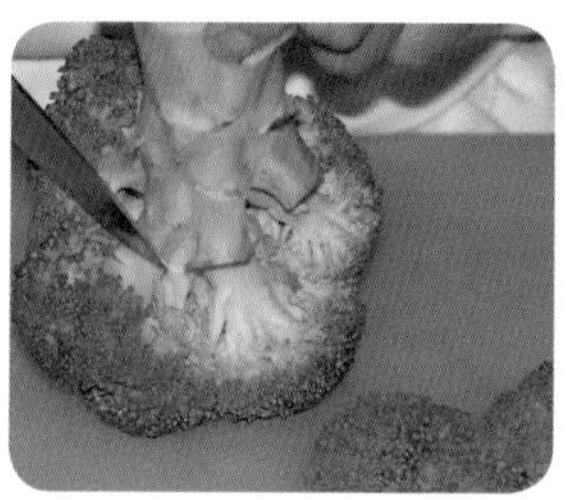

❶將青花菜梗與花的部分分開。取一些外觀好的花作為湯飾，以高湯燙熟備用

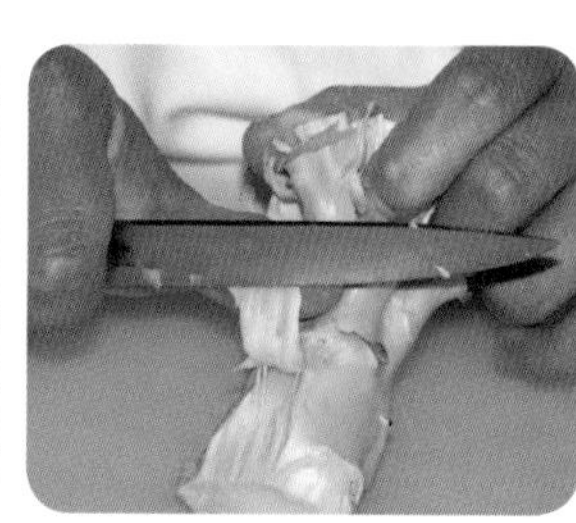

❷將梗的粗皮切除，切成小塊

❸以奶油、小火濕炒洋蔥、青蒜，炒到洋蔥略呈透明，加入西芹、青花菜梗，略炒。灑上麵粉，製作油麵糊（若手邊沒有Veloute）。繼續炒約1～2分鐘

【注意】參加丙檢請勿加麵粉

❹倒入高湯，加熱到滾

❺滾約 5 分鐘後，加入青花菜花的部分，煮到食材皆軟

❻將所有食材以果汁機打成泥，過濾之，以鹽、胡椒調味

❼上桌前將鮮奶油加熱，加入到打成泥的湯液中

❽盛盤，以燙好的青花菜花為湯飾

玉米奶油濃湯（Cream of Corn Soup）

玉米濃湯的作法很多，只要有產玉米的地區都會有相關的菜餚。玉米奶油濃湯是最常見的玉米濃湯之一。常見的食材除了玉米、洋蔥外，還包括新鮮香草植物、辛香料等，有些還會有蟹肉、雞肉等。

材料

洋蔥（小丁）	100 克	玉米醬	1 罐
西芹（小丁）	60 克	鮮奶油（加熱）	60 克
雞高湯	0.5 公升	鹽／白胡椒	適量

作法

❶湯鍋中加入奶油，以小火將洋蔥炒軟（略呈透明），接著加入西芹炒軟後，倒入玉米醬

❷以高湯來調整玉米濃湯的濃稠度

❸小火煮約十分鐘，以鹽、胡椒調味後，起鍋前加入鮮奶油

❹成品

TIPS

玉米醬本身相當濃稠（澱粉），所以無需加入澱粉質的稠化劑，也沒有打成泥的必要。但若是以玉米粒來製作，可加入油麵糊（或 Bechmel 醬汁或 Veloute 醬汁），部份的玉米粒也必須要以果汁機打成泥。留下部份的玉米粒作湯飾用。

6.2 泥湯（Puree Soups）

所謂的泥湯是把含有較高澱粉質的蔬菜、豆類等，在高湯中煮透後，打成泥，藉食材本身含有的澱粉來稠化湯液。然而一些澱粉含量不足的蔬菜（如青蒜），則會加入其他的高澱粉食材如馬鈴薯等，來幫助稠化湯液。

泥湯的基本製作方法

1. 把調味蔬菜或其他具香味的蔬菜，以小火濕炒（Sweat）直到蔬菜軟化。
2. 加入高湯／水等，同時加入主食材（如青豆仁）。
3. 以小火煮直到所有蔬菜皆軟。
4. 把湯打成泥，如有需要以高湯調整濃度。
5. 調味，如有需要可加鮮奶油或奶油來完成之。

- **青豆仁醬湯附麵包丁（Puree of Green Pea Soup With Croutons）**

早年，不論是在歐洲或北美，新鮮的青豆仁並不易取得，豆類的醬湯多半是以乾燥的豆仁來製作，其中 Puree of Green Split Peas 是一道經典的醬湯。以乾燥的青豆（Split Pea）所製作的醬湯，風味較深沉，是道典型的冬季湯品，其中往往會加入培根、豬腳等來提升湯的風味。但隨著冷凍的新鮮青豆仁的普及，乾燥的豆仁逐漸被新鮮青豆仁取代。以新鮮的青豆仁來製作青豆仁醬湯，口感清爽非常適合夏天食用，有不少人會在其中加入新鮮的薄荷葉來提升其風味，但鮮少有人會加入培根。西餐丙級檢定則有加入培根的要求。

- **蒜苗馬鈴薯冷湯（Vichyssoise / Potato and Leek Chilled Soup）**

這是一道以蒜苗、洋蔥和馬鈴薯，及雞高湯煮熟後打成泥，最後拌入鮮奶油的濃湯。雖然 Vichyssoise 可以熱食，但習慣上多冰冷食用。這道湯是由美國紐約 Ritz-Carlton Hotel 的著名主廚 Louis Diat 所創。

青豆仁醬湯附麵包丁（Puree of Green Pea Soup With Croutons）

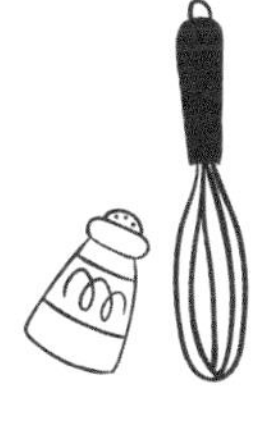

材料

培根，切碎	30克	雞高湯	2公升
蔬菜油	15克	馬鈴薯，切中丁	225克
洋蔥，切碎	170克	青豆仁	350克
西芹，切碎	65克	月桂葉	2片
蒜頭，切碎	1/2小匙	麵包丁	120克

作法

❶熱鍋，倒入少許油，放入培根，以小火逼出油脂

❷依序加入洋蔥炒軟，然後西芹，最後蒜頭

❸倒入高湯、馬鈴薯、月桂葉

❹煮到馬鈴薯半熟時，加入冷凍青豆仁。煮約15分鐘，待食材都熟透後，將月桂葉撈出

❺以果汁機打成泥。並以粗孔三角濾網過濾

❻將青豆仁泥湯放回爐檯上，加熱回溫，緩緩倒入鮮奶油，湯熱即可起鍋

❼上桌前灑上麵包丁作為湯飾

TIPS

青豆仁醣分尚未完全轉變成澱粉，所以青豆仁的澱粉量有限，若沒有額外加入澱粉類食材，湯的稠度略微不足，且容易有分離現象。

蒜苗馬鈴薯冷湯（Vichyssoise / Potato and Leek Chilled Soup）

材料

青蒜，切丁	250 克
洋蔥，切丁	50 克
奶油	25 克
馬鈴薯，切片	500 克
雞高湯	1 公升
鮮奶油	120 克
蝦夷蔥	30 克
鹽 / 白胡椒粉	適量

香料包

丁香	1 粒
巴西利梗	2 支
黑胡椒粒	1/3 小匙
月桂葉	1 片

作法

❶鍋中加入奶油後，以中小火將青蒜、洋蔥，濕炒至軟。倒入雞高湯（可留下一些來調整湯的濃稠度）

❷放入馬鈴薯、香料包

❸煮到馬鈴薯完全軟化熟透，取出香料包

❹果汁機中打成泥。用粗孔三角濾網過濾，以鹽及胡椒粉調味，放到冰塊水中迅速冷卻

❺冷卻後，倒入動物性鮮奶油

❻上桌前灑上切碎的蝦夷蔥

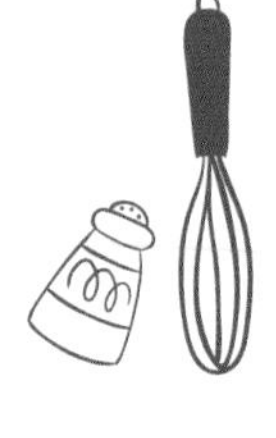

6.3 湯上桌前的注意事項

調整湯的濃稠度（Adjusting Consistency）

對濃湯而言，特別是那些以高澱粉質的蔬菜或是豆類為主的濃湯，在烹調的過程中、貯藏、保溫或是再加熱的時候，它們通常都會變得更稠。習慣上，鮮奶油濃湯的濃稠度應該近似於冷的鮮奶油，可以很容易的以湯杓舀取到湯盤中。但泥湯則稍微濃稠些。如果湯太濃可以高湯或牛奶（依湯的基底來挑選）等將其稀釋。如果湯太稀，我們可以用勾芡（Slurry）加以補救，只要將湯加熱到滾後，將芡液倒入，迅速的攪拌均勻，加熱到小滾約 1～2 分鐘即可。

有些湯起鍋前或上桌給客人食用前，會加入鮮奶油或是牛奶等乳製品。而湯加入乳製品後，通常都不再加熱。再加熱容易造成乳製品在湯中的結塊（所謂的開花），造成湯的質地改變，也會影響其外觀及品質。

湯的食用（Serving of Soups）

熱的湯端到客人面前一定要非常的燙。特別是對清湯之類較稀的湯，因為湯愈稀，熱度散失的愈快。湯的保熱相對會顯得重要。基本原則就是空氣接觸面愈大，熱的散失也愈快。

湯碗（Bouillon Cup）

沒有稠化的清湯都應用湯碗（Bouillon Cup）盛裝，避免使用湯盤（Soup Plate），讓湯與空氣接觸面積降至最低。而且湯盛入熱的湯碗中時，一定要是滾燙的。同時以湯碗盛製較稀的湯，在送湯給客人時，較不會溢出，方便服務生服務客人。

湯盤（Soup Plate）

濃湯因濃稠，熱能的散失較慢，所以濃湯多以湯盤作服務之用。為了避免湯冷掉，廚房人員要盡可能在服務生進到廚房要拿湯時，才將湯裝進湯碗或湯盤中，特別是對那些較稀的湯。要避免湯裝好後，在保溫檯上等服務生取走；也可用湯蓋來保溫。

冷的湯端到客人面前一定要是冷的。盛裝冷湯用的湯碗、湯盤或是杯子，一定都要冰過。

喝湯用的湯匙又分成圓形及橢圓形兩種。

圓形的湯匙又稱"Bouillon Spoon"，顧名思義就是搭配湯碗用的湯匙。這是因為圓形湯匙裝湯的部分較短，適合在碗口較小的湯碗中活動。

橢圓形的湯匙（Soup Spoon 或 Table Spoon），因橢圓形的匙身較長，適合用於開口大的湯盤中。

圓形湯匙（Bouillon Spoon）

橢圓形湯匙（Soup Spoon / Table Spoon）

蔬菜類的烹調

CHAPTER 7

7.1 加熱對蔬菜顏色的影響

蔬菜的主要成份是碳水化合物（或醣類）。植物組織中的碳水化合物受熱後，會吸收水份膨大，讓植物組織變得膨鬆，蔬菜呈現出鬆軟、多汁液的口感。蔬菜的烹煮可增進其適口性，同時也有助於人體的消化吸收。

大部分蔬菜的顏色（植物色素），都會受到熱的影響。這也讓我們可以由蔬菜所呈現出來的顏色來判定其烹煮的程度。但不管該蔬菜的顏色為何，我們總是希望烹煮後蔬菜仍可保有其原有的顏色；因而蔬菜本身的顏色往往就是決定如何烹煮它們的一個重要的考量因素之一。而蔬菜顏色是來自蔬菜本身所具有的色素（Pigments）。不同的色素，在烹調的時候，對熱、酸或鹼會有不同的反應。這些化學反應會造成蔬菜顏色的改變。因此，對於蔬菜的烹調，最重要的工作之一，就是要能了解這些色素的特性，並在烹煮時將其影響減到最低。蔬菜依顏色可分成四大類：綠色、紅色、白色及黃色。在烹調的技巧上略有差異。

綠色蔬菜（Green Vegetables）

綠色蔬菜所含的色素為葉綠素（Chlorophyll）。在酸性的環境下，葉綠素很快的就會失去其鮮綠的色澤，呈深褐綠色。當我們在烹煮綠色蔬菜時，蔬菜會因受熱，其所含的一些酸性成份會釋放出來，當這些酸性物質與葉綠素作用後，會使綠色蔬菜很快的從鮮綠色轉變成深綠褐色。因此，烹煮綠色蔬菜的時候：

- 通常都不蓋上鍋蓋，且保持滾的狀態，讓蔬菜所釋出的酸性物質，可以很快的隨水蒸氣而蒸散掉。
- 用較多的水，理由之一就是要稀釋掉由蔬菜所釋出的酸性物質。

紅色及紫色蔬菜

紅、紫色的蔬菜，其顏色主要是來自花青素（Anthocyanins）。花青素的種類多達二十種以上，屬水溶性色素。這類型的色素，在酸性的情況下呈紅色，在鹼性的情況下則呈現藍、紫色。這類型的植物色素屬水溶性色素，因此在烹煮的過程中，很容易的就會從蔬菜的組織中滲出流到煮液中。因此烹煮紅、紫色蔬菜的時候，通常會加入些許的醋、葡萄酒或是檸檬汁到煮液中，有助於蔬菜顏色的保持。而蔬菜本身，也含有酸性的成份，烹煮的時候也會溶入到煮液中，但這些酸性成份很容易隨著水蒸氣而蒸散掉。為了要能保住紅、紫色蔬菜的顏色，烹煮時：

- 最好隨時都蓋上鍋蓋，以減少酸隨著水蒸氣而蒸散掉。
- 可加入少許的醋、葡萄酒或是檸檬汁到煮液中。
- 煮甜菜根時，儘可能不要去皮，避免紅色色素溶入煮液中。

白色蔬菜（White Vegetables）

白色蔬菜所含的色素為黃酮（Flavones）。在酸性的環境中烹煮，可保持其白色。而在鹼性的環境中，則會變黃。因此烹煮白色蔬菜時我們多半會加入少許的酸性食材（如檸檬汁、醋等），同時煮白色蔬菜的時候也會蓋上鍋蓋，以減少酸性物質隨水蒸氣蒸散揮發掉。但酸往往會使蔬菜變得較硬，所以加入的量不宜太多。但白色蔬菜一旦烹煮過頭也會變黃或是帶有些許的褐色。

黃色及橙色蔬菜（Yellow and Orange Vegetables）

黃色及橙色蔬菜中富含胡蘿蔔素之類的植物色素。它是一種維生素 A 的前趨體（Provitamin A），在人體中會轉變成維生素 A。類胡蘿蔔素而 Carotenes 有多種類型，其顏色從玉米的黃色、紅蘿蔔的橙色，番茄的紅色都有。這些色素並不太溶於水，且很耐熱。黃色及橙色蔬菜在酸或鹼的環境中烹調，並不影響其顏色。但有些黃色及橙色蔬菜，煮太久仍會失去些顏色。

水煮綠花椰菜

材料

綠花椰菜……………1株

鹽……………………適量

作法

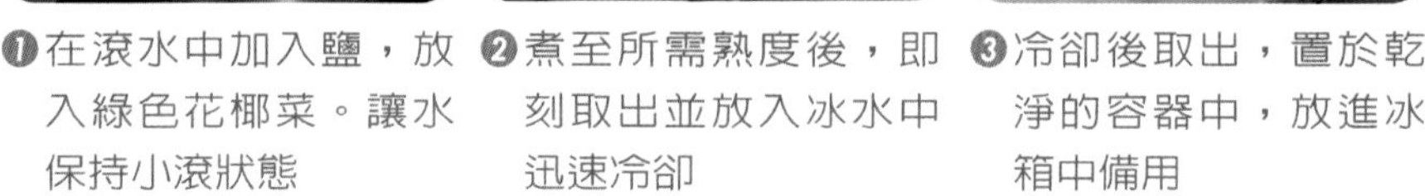

❶在滾水中加入鹽，放入綠色花椰菜。讓水保持小滾狀態

❷煮至所需熟度後，即刻取出並放入冰水中迅速冷卻

❸冷卻後取出，置於乾淨的容器中，放進冰箱中備用

水煮白花椰菜

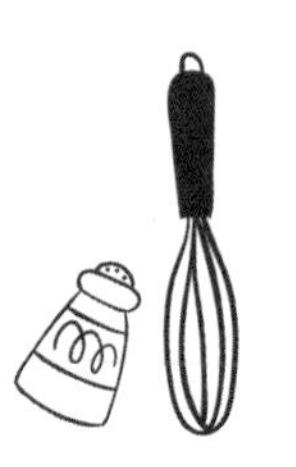

材料

白花椰菜……………1株

白醋…………………少許

作法

❶水滾後，加入少許的白醋，放入白花椰菜並蓋上鍋蓋

❷煮至所需熟度後，即刻取出並放入冰水中迅速冷卻

❸冷卻後取出，置於乾淨的容器中，放進冰箱中備用

燉紫高麗菜（Braised Red Cabbage）

材料

材料	份量
洋蔥，切丁	50 克
蘋果，切片	100 克
蔬菜油	2 大匙
紫高麗菜，切絲	400 克
白酒醋	25 克
紅酒	25 克
水	100 克
砂糖	25 克

香料包

香料包	份量
肉桂棒	1/2 支
月桂葉	2 片
杜松子	6 粒
丁香	2 粒

作法

❶將洋蔥、蘋果以蔬菜油炒軟。然後加入白酒醋、紅酒、水和砂糖

❷加入紫高麗菜絲和香料包

❸蓋上鍋蓋，放進烤箱中

❹待高麗菜完全軟化即可（如有需要可以少許的玉米澱粉勾芡）

糖漬紅蘿蔔（Glazed Carrot）

材料

紅蘿蔔，切橄欖形……12 粒
奶油……25 克
糖……30 克
水……適量

作法

❶將紅蘿蔔放入鍋中，加入糖、奶油，倒入水至淹過紅蘿蔔

❷紙蓋上塗上奶油（可避免紙蓋粘黏食材）

❸蓋上紙蓋，煮約 10 分鐘，直到紅蘿蔔軟透

❹紅蘿蔔如果軟透，刀子可以輕易刺進去

CHAPTER 8 澱粉類食材的烹調

8.1 何謂澱粉

西式料理中，澱粉類食材主要是作為配菜之用。如奶油飯、巴西利馬鈴薯等。偶爾澱粉類食材也會被調製成主菜、開胃菜、甚至湯品等。常見的澱粉類食材包括米飯、馬鈴薯、麵粉（各種麵食）、豆類等。

植物行光合作用產生葡萄醣供給植物生長所需，多餘的醣就以澱粉的形態貯藏，以供不時之需。所以澱粉分子是上百甚至上千的葡萄醣分子所連接而成。植物中都會有些部位用來貯存澱粉。如穀類植物的種子中就含有大量的澱粉，供種子發芽所需的能量來源；有些植物則將澱粉貯存於根及球根中如馬鈴薯。而植物貯藏澱粉的方式是將數百萬的澱粉分子以一定的結構緊密結合成糰稱澱粉顆粒。澱粉在水存在的情況下加熱，澱粉顆粒便會開始吸水膨脹，形成黏性的糊狀物，這種現象叫澱粉的糊化作用。澱粉的糊化作用會讓湯汁、醬汁等變稠，也讓米軟化。

澱粉（麵粉、玉米粉等）除了是我們飲食中最主要的醣類來源，在烹調上也扮演相當重要的角色，除了可以稠化湯、醬汁等，還可以避免蛋白質凝結（如卡士達醬）。

8.2 米的烹調

西方人對於米的烹調主要有二種方式：奶油飯（Rice Pilaf）和義式燉飯（Risotto）。其中奶油飯所煮出來的米飯，類似中式的白米飯；義式燉飯則近似中式的（較稠）稀飯。

奶油燉飯（Rice Pilaf）

奶油燉飯通常是以長米（Long-Grain Rice）來製作。基本上奶油燉飯的作法類似於「燉」的烹調方式。其作法是先將洋蔥之類的香味蔬菜以奶油炒軟，然後加入米粒繼續炒，讓米粒能均勻的裹上一層油脂，此有助於煮好的米飯能粒粒分明。然後加入適量的煮液（高湯或水），為了能讓其受熱均勻，通常會放進烤箱中加熱，直到液體完全被米粒吸收。奶油燉飯所用的米會以水清洗，將表面的澱粉洗除，如此有助於煮好的燉飯能夠粒粒分明。

奶油燉飯的基本步驟

1. 將洋蔥碎以奶油濕炒、不上色。
2. 倒入米粒，略微炒 1～2 分鐘，讓米粒能均勻的被油脂包覆。
3. 加入適量的熱煮液，加熱至小滾。
4. 蓋上鍋蓋，放進烤箱。依米的種類所需的時間略有差異。

奶油燉飯（Rice Pilaf）

材料

奶油	1 大匙
洋蔥（切碎）	2 大匙
長米	1 杯
雞高湯（熱）	2 杯
月桂葉	2 片
百里香	1 支

調味料

鹽 / 白胡椒	適量

作法

❶將洋蔥以奶油濕炒到軟，稍呈透明，約需 5～6 分鐘

❷將米加入，以木匙攪拌使米粒能完全的被油脂包裹，再炒數分鐘

❸將熱的高湯加入，要攪拌一下，避免米粒沾附於鍋底

❹加入月桂葉、百里香、鹽及胡椒，加熱到小滾後，蓋上鍋蓋，放入 175℃的烤箱中，約 15～20 分鐘

❺從烤箱中取出後靜置約 5 分鐘，取出百里香、月桂葉，將飯翻攪一下即完成

義式燉飯（Risotto）

義式燉飯傳統上是以義大利特有的短米（Short-Grain Rice）來製作。其中最有名、最常被使用的是 Arborio 米種。讓製作出來的燉飯口感相當的濃郁滑順（Creamy）。而義式燉飯所用的米粒，並不需要清洗，因為米粒表面的澱粉會讓煮好的飯更為濃郁。

在製作上義式燉飯和奶油燉飯有相當的差異。在米粒炒過後，分次加入高湯（通常分三次）。高湯加入後會等其完全被米粒吸收後才會再加入。煮好的義式燉飯，外觀呈濃稠狀，但米心不可熟透（米心仍需帶有些許咬感）。義式燉飯煮熟後必須即刻上桌食用，不宜久置。義式燉飯中經常會加入多種不同的食材，而烹煮出各種不同口味的米食料理。如青豆仁、海鮮等。義大利 Piedmont 地區的義式燉飯最後還會灑上巴馬森乳酪。

Risi Bisi（Rice and Peas）則是義大利 Veneto 地區相當有名的義式燉飯。雖然這是一道米飯的菜餚，傳統上 Risi Bisi 較義式燉飯稀，甚至接近濃湯的口感。本書採簡單的製作方式，直接將煮好的義式燉飯拌入煮熟的青豆仁。

義式燉飯的基本步驟

1. 將洋蔥碎以奶油濕炒、不上色。
2. 倒入米粒，略微炒數分鐘，讓米粒能均勻的被油脂包覆。
3. 將熱的高湯分次加入（分至少三次）。每次所加入的高湯必須被米粒完全吸收後，才可再加入高湯。整個過程中必須以木匙不斷的攪拌，以確保高湯能均勻的被米粒吸收。
4. 煮至米粒軟化、但米心尚未完全熟透（仍有少許的咬感）。烹煮完成的義式燉飯外觀濕潤呈濃稠狀，但不會流動。

義式燉飯（Risotto）

材料

奶油……60 克

洋蔥（切碎）……60 克

Arborio 米……500 克

雞高湯（熱）1.8～1.9 公升

調味料

鹽及白胡椒……適量

作法

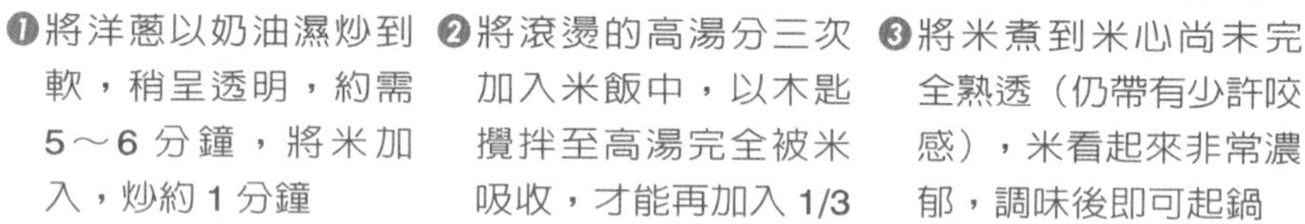

❶將洋蔥以奶油濕炒到軟，稍呈透明，約需 5～6 分鐘，將米加入，炒約 1 分鐘

❷將滾燙的高湯分三次加入米飯中，以木匙攪拌至高湯完全被米吸收，才能再加入 1/3 的高湯，最後米吸收高湯的速度會慢許多，這表示接近完成

❸將米煮到米心尚未完全熟透（仍帶有少許咬感），米看起來非常濃郁，調味後即可起鍋

青豆仁燉飯（Risi Bisi）

“Risi Bisi”字面的意思就是“Rice and Peas”，是一道傳統的義大利菜。早自十六世紀，“Risi Bisi”就已經是威尼斯地區相當普遍的一道菜。特別是在四月二十五日紀念聖馬可（St. Mark）的慶典上，威尼斯人所吃的第一道菜往往就是“Risi Bisi”。而四月在義大利正好是青豆的盛產季節，所以青豆又甜又嫩。然而“Risi Bisi”這道菜並不容易界定，介於義大利蔬菜湯和義大利燉飯間。基本上它是一道非常稀的青豆仁燉飯。

材料

青豆仁⋯⋯30克

調味料

鹽及胡椒⋯⋯適量

作法

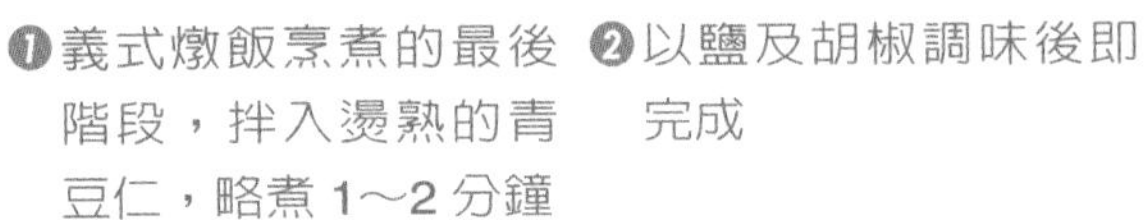

❶義式燉飯烹煮的最後階段，拌入燙熟的青豆仁，略煮1～2分鐘

❷以鹽及胡椒調味後即完成

義式海鮮飯(Seafood Risotto)

這道義式海鮮飯的做法和青豆仁飯一樣，首先要把海鮮煮熟(水煮、煎炒等皆可)。海鮮以水煮方式來烹煮最爲快速方便。通常我們會先將海鮮放進煮義式海鮮飯的高湯中燙至七、八分熟。然後開始煮義式燉飯(詳見義式燉飯食譜)。義式燉飯烹煮的最後階段，拌入燙熟的海鮮，略煮即可調味並起鍋。

材料

材料	份量
奶油	60 克
洋蔥，切碎	60 克
Arborio 米	500 克
蝦子	80 克
小卷	100 克
新鮮干貝	80 克
淡菜	80 克
魚／雞高湯(熱)	1.8～1.9 公升
鹽及白胡椒	適量

作法

❶將海鮮在魚高湯中汆燙至七、八分熟，取出備用

❷義式燉飯烹煮的最後階段，拌入燙熟的海鮮，並以鹽及胡椒調味

❸依各人喜好，可拌入少量的動物性鮮奶油和巴馬森乳酪

1. 海鮮處理要乾淨，刀工要一致。
2. 海鮮要適當冷藏。
3. 生米烹調要有炒香的動作。
4. 米飯濕稠度要適中，口感要 al Dente 不可過熟。
5. 調味要適當。
6. 海鮮飯味道要鮮美無魚腥味。

8.3 義大利麵（Pasta and Noodles）

不論是手工的新鮮義大利麵條（Fresh Noodles）或是乾燥的義大利麵條（Dried Noodles），皆屬義大利麵（Pasta）。基本上二者是全然不同的產品。

工廠大量生產的乾燥義大利麵，必須以 100% 的杜蘭麵粉（Duran Flour）來製作。新鮮的手工義大利麵，主要的材料是麵粉（中筋或高筋）和蛋，再加上少量的水、油等，所以又有「雞蛋麵（Egg Noodles）」之稱。乾燥義大利麵煮的時間長，煮出來的麵咬感夠、口感佳；新鮮的手工義大利麵，煮的時間短（通常只需數 10 秒），也有相當不錯的咬感。

西餐丙級檢定中的雞蛋麵，實際上指的是新鮮的手工義大利麵條（用來搭配紅酒燴牛肉）。這是因為紅酒燴牛肉需要燉兩個小時，所以有充足的時間來製作手工麵。不過目前考場中都以中式的雞蛋麵取代。中式的雞蛋麵是中國的南方的麵食，其原料中也有蛋和麵粉，但與新鮮的手工義大利麵是全然不同的產品，因為它是屬於乾燥的麵條。中式的雞蛋麵廣泛用於中國的傳統小吃中，如著名的福建小吃——拌麵。雞蛋麵中的蛋並不會讓麵呈黃色，因此略帶黃色的中式雞蛋麵，其顏色來自添加的色素。

新鮮手工義大利麵

新鮮手工義大利麵可以中筋或高筋的麵粉製作，其所需的液體，其中以蛋最為普遍，所以又有雞蛋麵之稱（Egg Noodle）。蛋本身含有超過 95% 以上的水份。蛋可增進麵條的營養，至於顏色、口感上的影響則相當的有限。一般而言，每 100 克麵粉應加一個蛋。麵糰中都會拌入少許的油脂（橄欖油是最常被使用），讓麵糰較易於桿開，但過多的油脂對麵的口感有負面的影響。其中還會加入少量的鹽來帶出麵的風味。

材料

高筋麵粉	200 克	水	少許
蛋	2 個	鹽	1 小匙
橄欖油	1 大匙		

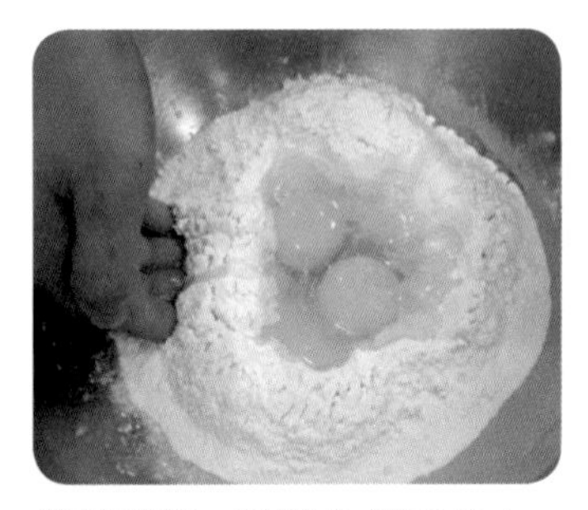

❶將麵粉、鹽倒入打蛋盆中，中間撥個洞，將蛋倒入，加入少許的橄欖油，開始拌合

❷用手揉成麵糰，以少許的水來調整其濕度（但麵糰愈乾愈好），直到麵糰成型即可。避免揉麵糰，以免出筋

❸將麵糰以保鮮膜包覆，置於冰箱中，鬆弛至少 20 分鐘

壓麵機桿麵皮的基本步驟

1. 將鬆弛後的麵糰切下一塊，剩餘的麵糰以保鮮膜覆蓋好。
2. 以手掌或桿麵棍將麵糰略微壓平（寬度要小於壓麵機）。
3. 將壓麵機的刻度調到最大，並將麵糰桿開成麵皮。重複的壓麵皮，並逐步的將刻度調小，麵皮因而愈來愈薄（必要時在麵皮上灑些許手粉，避免沾壓麵機），直到所要的厚薄度。
4. 桿好的麵皮，以麵皮機前端的分切器，分切成一條條的麵條。

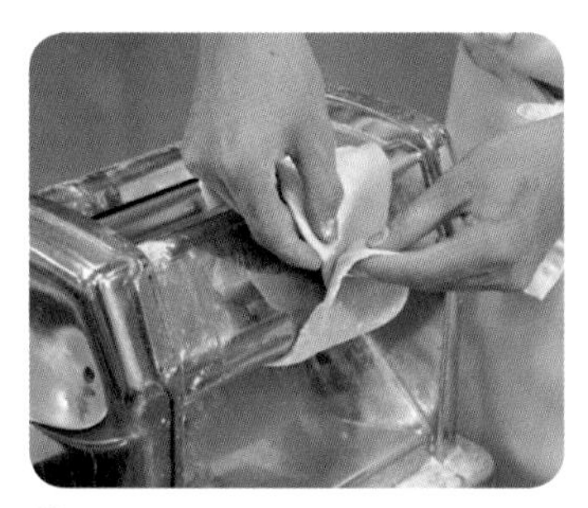

❶麵糰重複折疊整形，壓至平整後，將麵皮頭尾黏在一起成環狀，刻度調大兩格，開始桿麵

❷每循環一圈就調小一刻度直到所需的厚度時，再將麵皮切斷取下

❸切成所需的長度後，以切麵機切成條狀，撒上少許麵粉避免沾黏

義大利麵的基本烹調程序

新鮮和乾燥的義大利麵，都需以加鹽並大量的水來煮，如此才能確保煮好的麵的品質。一般而言，不論是要煮新鮮或乾燥的麵，每 100 克的麵至少要用 1 公升的水和 10 公克的鹽。麵煮好後應立刻上桌給客人，以確保其品質。新鮮的麵條需要煮的時間相當的短，通常都不會超過一分鐘。而乾燥的麵條則往往要在七分鐘以上（各家廠商會有差異，依建議的時間來煮）。

新鮮手工義大利麵

1. 水滾後放入鹽。
2. 放入麵條並攪拌之，要讓水保持滾動狀態，使其彼此不沾黏。
3. 將麵條撈出，瀝乾水份。
4. 立即調味、上桌食用。或迅速以冷水 / 冰水冷卻，濾乾後拌入少許橄欖油，以保鮮膜覆蓋後，放入冰箱備用。

乾燥義大利麵

1. 將水中放入鹽後煮至大滾。
2. 放入麵條並攪拌之，使其彼此不沾黏。

❶水煮到大滾後加入鹽，雙手握住麵條，輕輕扭轉

3. 麵條煮至 Al dente（麵條軟化，但仍具咬勁），所需時間可參照麵條包裝袋。

4. 立即調味、上桌食用。或迅速以冷水／冰水卻，濾乾後拌入少許橄欖油，以保鮮膜覆蓋後，放入冰箱備用。

❷放射狀下鍋，攪拌一下，避免沾黏

❸麵條煮至適當熟度，撈出瀝乾水份，並立即供應或者以冷水／冰水鎮涼後，備用

❹拌入少許橄欖油，避免麵條沾黏在一起

• **麵疙瘩（Spätzli）**

麵疙瘩也是雞蛋麵的一種。雖然很多地區都自稱是麵疙瘩的發源地，但其源自何處仍不可考。通常在歐洲，普遍的認為麵疙瘩是斯瓦比亞人（Swabians）的專長；而斯瓦比亞就是現今德國南部地區，包括德國巴登符騰堡邦（Baden-Württemberg）及巴伐利亞（Bavaria）。這種質地柔軟的麵疙瘩，除了出現於德國菜餚中，也出現在奧地利、瑞士、匈牙利等國的菜餚中。

製作麵疙瘩麵糊所需的材料很簡單，主要的材料包括麵粉、蛋、鹽、牛奶（或水）。傳統上麵疙瘩的煮法，是將麵糊置於木質的砧板上，然後將麵糊慢慢的刮到沸水中煮熟。然而這種方法在操作上有些麻煩，於是便出現了一些便於將麵糊加入到沸水中的小器具。不論是哪種器具，只要方便取得、容易操作即可。

麵疙瘩（Spätzli）

材料

材料	份量	材料	份量
蛋	2 粒	鹽	1/2 小匙
牛奶	180 克	胡椒	1/4 小匙
高筋麵粉	240 克	Nutmeg	1/2 小匙

作法

❶先將牛奶、蛋及調味料於打蛋盆中拌勻，然後開始拌入麵粉，直到麵糊達到所需的稠度

❷水滾後加鹽，將麵糊倒入製作麵疙瘩的器具中，來回滑動容器，讓麵糊落入滾水中

❸也可使用馬鈴薯壓泥器來製作麵疙瘩

❹麵疙瘩浮到液面即可撈起

❺將麵疙瘩以奶油炒熱，並以鹽、胡椒調味。麵疙瘩經常被用來搭配燴的菜餚

菠菜麵疙瘩

材料

蛋	2 粒	鹽	1/2 小匙
牛奶	150 克	胡椒	1/4 小匙
高筋麵粉	240 克	Nutmeg	1/2 小匙
菠菜	80 克		

作法

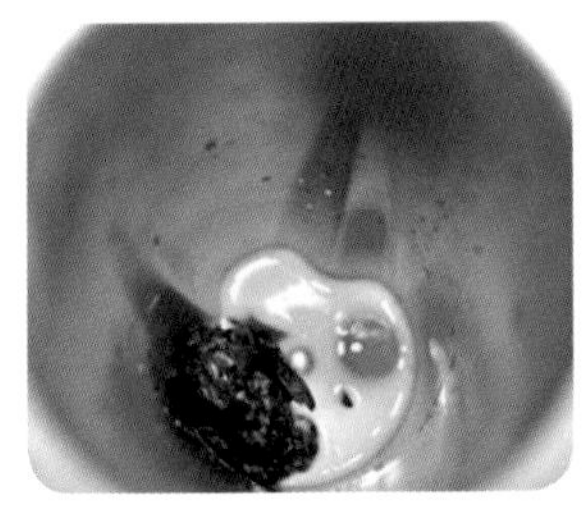

❶將汆燙過的菠菜，與蛋及牛奶一起放入果汁機中打成泥

❷菠菜液倒入銅盆中，慢慢的將麵粉拌入

❸拌勻後，以豆蔻粉、鹽及胡椒等調味。放入冰箱鬆弛至少 20 分鐘

❹水滾後加鹽，將麵糊倒入製作麵疙瘩的器具中，來回滑動容器，讓麵糊落入滾水中

❺麵疙瘩浮到液面即可撈起

❺煮好的麵疙瘩趁熱拌入奶油、鹽、胡椒，即可上桌。若沒有要馬上食用，迅速冷卻後放入冰箱保存

8.4 麵餃（Dumpling）

所謂的麵餃指的是一小顆的麵糰或麵糊，放入沸水燙煮過，如此烹調出來的麵食稱之。雖然麵餃和義大利麵一樣都要先以沸水燙煮過，但二者間有一定的差異。通常麵餃吃起來口感較鬆軟，不像義大利麵具彈牙的口感。這是因為製作上麵餃的麵糰不會有搓揉的動作，也沒有繁複的整型。其中若有麵粉，筋性也不強，是德國、匈牙利、奧地利等國家等的麵食，屬麵館的一種。

8.5 馬鈴薯（Potatoes）

馬鈴薯的種類相當多，不同種類的馬鈴薯除了其外皮的顏色及光滑度、肉質的顏色和外型皆有所差異。台灣進口的馬鈴薯以外型呈橢圓型、皮厚且粗糙的 Idaho 馬鈴薯為大宗。此種馬鈴薯含有較高比例的澱粉質，適合用來製作烤馬鈴薯、馬鈴薯泥和油炸之類的菜餚。而省產的馬鈴薯通常外型較圓，外皮較光滑，此類型的馬鈴薯屬於澱粉質含量較低、水份含量較高的品種。適合用來製作湯、燉之類的菜餚或是馬鈴薯沙拉等。

馬鈴薯的貯藏

不論哪一類型的馬鈴薯，基本上其表皮完整無皺褶、無乾萎、少芽眼，薯塊結實無軟腐。馬鈴薯必須要貯藏於乾燥、陰涼、通風良好的場所，馬鈴薯照射到陽光的部位，會帶些許的綠色，綠色部位含有「龍葵素」，具毒性應切除後煮食才不會腹瀉。

- 避免將馬鈴薯貯放於塑膠袋中，其中的濕氣容易讓其長霉。
- 勿將馬鈴薯放入冷藏室，會使得澱粉轉換成糖分。
- 生的馬鈴薯勿冷凍（解凍後質地變軟且會變色）。
- 未烹調之馬鈴薯去皮後，應立刻泡水存放，必要時也可放入冰箱中冷藏，可防止變色。

馬鈴薯的烹調

煮沸法（Boiling）

將馬鈴薯以煮沸的方式烹煮。以此法烹煮的馬鈴薯，必須以冷水開始煮，讓熱能夠均勻、緩慢的傳導到馬鈴薯中心，避免外熱內生的情形。通常用來煮馬鈴薯的水中都會加入些許的鹽，有助於帶出馬鈴薯的風味。

以煮沸方式烹煮好的馬鈴薯，可趁熱拌奶油、調味、加入香草直接上桌食用。食材以水煮，然後拌奶油（有時會在起鍋前灑上香草），在古典法式料理中稱為"A la Anglaise"，也就是「英國式」的料理方式。所以水煮馬鈴薯（Boiled Potato）、奶油馬鈴薯（Buttered Potato）、香芹馬鈴薯（Parsley Potato）皆屬"A la Anglaise"的料理方式。此外以煮沸方式燙煮馬鈴薯，經常是馬鈴薯菜餚的前置備步驟之一，如製作馬鈴薯泥等。

煮沸法烹煮馬鈴薯的基本步驟

1. 將馬鈴薯放入鍋中。
2. 加入冷水，水量以能蓋過馬鈴薯為原則，加入鹽。
3. 加熱到滾，調整火力，維持小滾狀態。
4. 煮到所需熟度（熟透的馬鈴薯可輕易的以小刀刺穿）。將馬鈴薯過濾，依需求進行下一步的調味或烹煮。

- **水煮馬鈴薯**

水煮馬鈴薯，除了可經簡單調味直接上桌食用外，也經常是馬鈴薯菜餚的前置備步驟之一，如馬鈴薯泥或是炸馬鈴薯等。然而要壓成泥的馬鈴薯，通常會多煮一下，讓馬鈴薯略微煮過頭，濾乾水份的馬鈴薯會放入烤箱中烘乾。

香芹馬鈴薯（Parsley Potato）

材料

馬鈴薯，切成橄欖形　1 公斤
鹽……1/2 小匙
奶油……10 克
巴西利碎……1 小匙

作法

❶將削成橄欖形的馬鈴薯，置於鍋中，加入冷水和鹽，水必須要能蓋過馬鈴薯，開大火煮至滾，關小火續煮，維持小滾狀態

❷小煮至馬鈴薯熟透，可以刀子輕易的刺穿，瀝乾水份備用

❸上桌前，以奶油加熱，起鍋前灑上新鮮的巴西利碎

馬鈴薯壓泥的基本步驟

1. 馬鈴薯、去皮、切大塊，放入鹽水中以煮沸法煮到熟透。
2. 把水倒掉，將煮好的馬鈴薯放入烤箱（約 150°C）數分鐘烘乾。
3. 趁熱以食物研磨器（Food Mill）磨碎。
4. 立刻拌入蛋黃、奶油，並以荳蔻粉（Nutmeg）、鹽及胡椒調味，立即上桌或備用。

❶馬鈴薯、去皮、切大塊，放入鹽水中煮到熟透後濾乾

❷將煮好的馬鈴薯放入烤箱數分鐘，略微的將其烤乾

❸以食物研磨器磨碎

❹立刻拌入蛋黃、奶油，並以 Nutmeg 、鹽及胡椒調味。若要做成薯泥，可拌入牛奶、鮮奶油之類的液態食材

馬鈴薯可樂餅（Potato Croquettes）

材料

馬鈴薯……1 公斤

奶油……45 克

蛋黃……1 個

肉豆蔻粉、鹽、白胡椒……適量

作法

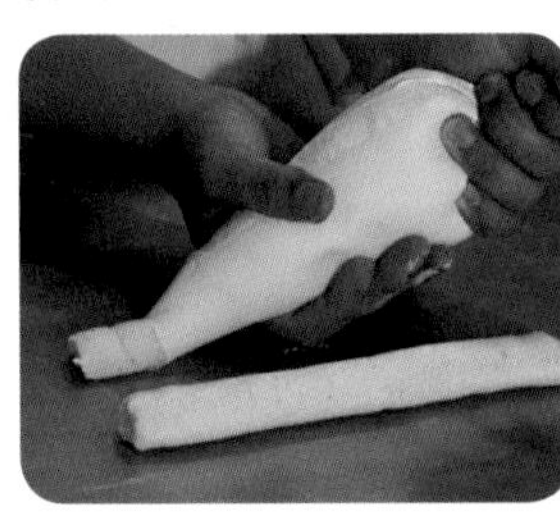

❶將拌入蛋黃、奶油、肉豆蔻粉等的馬鈴薯泥，放入擠花袋（通常不放花嘴），擠成長條型

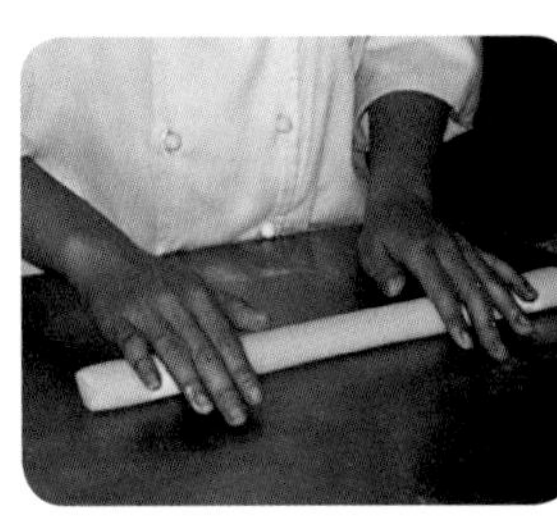

❷稍微整形一下

❸分切成 5~6 公分段

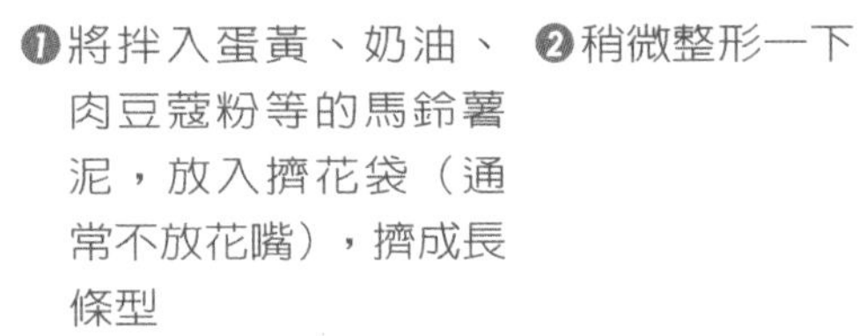

❹依序沾上麵粉→蛋液→麵包粉

❺以 Standard Breading，放進 190°C的油鍋中，炸到外表呈金黃色即可

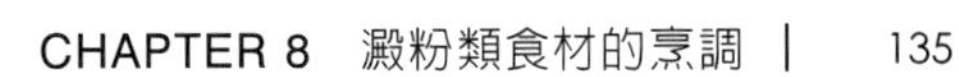

Pomme Cocotte

這是一道相當古典的馬鈴薯菜餚，被用來搭配蔬菜或肉類的菜餚。所謂的“Cocotte”指的是修切成3～4㎝長小橄欖外型。在古典的法式料理中，Pomme Cocotte被歸類成煎和爐烤兼具的馬鈴薯菜餚。製作這道馬鈴薯的關鍵在於馬鈴薯只能短時間的水煮（通常冷水煮滾後即將其取出），然後以澄清奶油煎上色。爲了要讓馬鈴薯能均勻上色，經常會在烤箱中完成烹調。若馬鈴薯燙太久，其表面會有粉狀顆粒。

材料

馬鈴薯（橄欖形）	1公斤
鹽、白胡椒	適量
澄清奶油	10克

作法

❶將馬鈴薯置於鍋中，加入冷水和鹽，加熱煮滾後，將水倒掉

❷以澄清奶油將馬鈴薯煎炒成金黃色

❸放入烤箱中烘烤，使其均勻上色

❹成品

水煮過頭的馬鈴薯，外觀會呈粉粒狀。

CHAPTER 9

煎炒（Sauté）

9.1 前置準備工作（Mise en Place）

所謂的煎炒（Suaté）就是用少量的油脂，以強火高溫將食物迅速的焦化上色並烹調至熟。

食物在煎炒的過程中，會因高溫流出汁液，這些汁液最後會乾掉、焦化（富含該食物的香味），並沾黏於鍋底。這些乾掉、焦化的汁液，會以葡萄酒、高湯等將其溶出，古典法式料理的專業術語稱之為「去渣（Deglazing）」。去渣後所得的液體，會被用來作為調製該菜餚醬汁的基底。因此又有人把這樣的醬汁稱為「鍋底醬汁（Pan Sauce）」。通常醬汁可達到三個目的：

- 把煎炒時食物所流失的汁液，加回到食物中。
- 藉由一些香味食材的加入，來增進並襯托或呼應該食物的風味。
- 煎炒的高溫，會讓食物表面乾澀，醬汁可彌補失去的水份。

由於煎炒的烹調方式時間短、速度快，因此無法像濕熱法一樣有軟化食物的效果。所以，煎炒通常只適合用來烹調質地柔嫩的食材。

主食材

肉質要嫩，肉塊的大小，以不超過一人份的量為原則。包括里肌肉、禽類的胸肉、魚類海鮮等。

油脂

煎炒用的油脂一定要能耐高溫，不會一受高溫就產生分解冒煙的情形。常用來煎炒的油脂包括：

- 澄清奶油（Clarified Butter）。
- 無特殊風味的油脂：橄欖油、玉米油、沙拉油等。

器具

煎炒宜選用較淺的鍋子，以便煎炒時所產生的水蒸氣能快速的蒸發，以利食物焦化上色。

9.2 煎炒基本步驟及說明

在古典的法式料理中，煎炒（Sauté）強調的是將食材煎成「焦黃色」。「煎炒」對大塊食材及小塊食材作法上會有些差異：

- 切小塊的食物在鍋內往往會有翻動的動作（但不宜太頻繁，否則食物不會上色）。
- 一人分大小的肉塊，例如整片的雞胸肉、豬排等。大塊肉煎炒時不會有翻動的動作。肉塊下鍋煎成金黃或焦黃色後，才將肉塊翻面開始煎炒另一面。

煎炒基本步驟

1. 食材先以胡椒、鹽等調味，如有必要可沾上一層薄麵粉。
   - 白色或淡色的肉（如雞肉、魚等）習慣上會先沾上一層薄薄的麵粉，有助於上色，同時避免沾鍋。
   - 紅肉由於肉色深，一般都煎炒到褐色，沾麵粉並沒有太大的意義。
2. 挑選大小合適的煎鍋。
   - 避免食材間重疊或是過於擁擠，以免影響食物的上色。
3. 油熱後（發煙點前），立刻將食物放到鍋裡去煎炒，直到食物呈金黃色後方可將食物翻面，再等食物達到所要的熟度或顏色。
   - 若肉塊翻動過於頻繁，會影響上色，烹調時間會拉長，容易使肉質變老。
   - 肉片或肉絲往往會以翻鍋的方式來進行煎炒。
4. 將食物自鍋中取出，適當的保溫。
   - 如有必要可放進烤箱繼續加熱，讓肉可以完全的熟透。
   - 以煎炒過肉的鍋子來烹調製作搭配肉塊所需的醬汁。
5. 是否醃製？

   在食材保存不是很完善的年代裡，肉塊有異味是稀鬆平常的事。以辛香料等醃漬是常見的處理方式。近數十年來，食材的保鮮已經不是問題。飲食的觀念自然隨之改變。花錢買好食材，當然就是要品嚐天然的美味，簡單的調味逐漸的成為主流。所以肉塊是否要先醃漬過，是見仁見智的問題。但若一定要醃漬，肉塊取出一定要以紙巾將醃漬液吸乾，否則會影響肉塊的上色，對菜餚品質有負面影響。

食材若有醃漬，一定要擦乾，才能進行煎炒。

煎炒之鍋底醬汁的製作基本步驟（Basic Procedures for Making a Pan Sauce）

肉塊在煎炒的過程中，會有汁液留出。煎炒過後，這些肉汁會乾掉而沾附在鍋底上（法文稱為 Fond），就成為用來搭配肉塊所需醬汁的基底。

1. 將煎鍋中煎炒過食物的油脂倒掉，如有需要重新加入少量的奶油等。
2. 加入香味蔬菜（如紅蒜頭、洋蔥、蒜頭等）或一些搭配性的食材（如洋菇）等，以中小火炒直到食材軟化、香味釋出。
3. 以葡萄酒、高湯、水等來去渣（Deglaze），把沾黏於鍋底乾掉的肉汁與肉屑溶出。
4. 加入事先調製好的醬汁（如雞骨肉汁等），然後再將剩餘的食材加入，煮到所要的濃稠度。如有需要以細孔的篩網（Fine-mesh Strainer）過濾，讓醬汁質感上更為細緻順口。
5. 將搭配性的食材加入（如果有的話）。醬汁可以在起鍋前加入鮮奶油、奶油、新鮮香草等來完成醬汁的製作。

9.3 煎炒相關食譜

- **煎豬排附燜紫高麗菜（Pan-fried Pork Loin with Braised Red Cabbage）**

這是道非常簡單的煎炒菜餚。只要把豬肉煎炒上色，然後再調製鍋底醬汁來搭配它。這道菜餚的烹調方式英文名稱為 Pan-fried ，這是因為早年

Sauté 這個烹調方式翻譯成英文時用的是“Pan-fried”這個字。不過近數十年來，北美地區又將“Sauté”和“Pan-fried”區隔成二種不同的烹調方式。“Sauté”是用薄薄的一層油，“Pan-fried”的油量較多（通常要達食物高度的 1/3～1/2 之間），被用來指淺油炸，而古典法式料理中，並沒有加以區分。

- **羅宋炒牛肉（Sauteed Beef Stroganoff）**

羅宋炒牛肉是一道經典的俄羅斯料理。主要材料包括有煎炒牛肉絲、配上洋蔥、磨菇。起鍋前在醬汁中拌入酸奶油。這種在肉的醬汁中拌入酸奶油是典型的俄羅斯風格。然而羅宋炒牛肉也經過多次的變化。1861 年，羅宋炒牛肉首次被寫成食譜，其中牛肉是切丁，食譜中也沒有洋菇或洋蔥。1938 年出版的 Larousse Gastronomique 中，開始出現牛肉絲，並且依喜好添加番茄糊或芥末醬。現今流傳的版本添加洋菇並且和麵條或米飯一起食用的，則是 1950 年代後才確立下來的。

Larousse Gastronomique 的羅宋炒牛肉食譜中，會將牛肉以紅酒及調味蔬菜先醃過，但肉片若水份太多，往往會使牛肉炒上色的時間拉長許多，容易使肉變老。而且這道菜牛肉切成絲狀，要入味相當容易。所以牛肉以紅酒及調味蔬菜先醃過，對菜餚的整體品質容易有負面影響。因此本書食譜於作法上省略醃泡的過程。

- **煎鱸魚排附奶油馬鈴薯（Filet of Seabass à la Meunière）**

“à la Meunière”是古典法式料理的一種烹調方式。就字面上來看指的是如同「磨坊主人的老婆的烹調方式」，也就是說其中一定會用到麵粉。這道菜餚的做法是將魚沾上一層薄薄的麵粉，以奶油煎炒上色後，搭配上褐奶油醬汁（Beurre Meunière），就是在褐奶油（Beurre Noisette）中加入檸檬汁和巴西利碎。扁魚（Sole）和鱒魚是最常以此法烹煮的魚類。

煎炒食物的品質鑑賞

通常只有肉質較嫩的肉會以煎炒的方式料理。煎炒完成的肉，口感上要能柔嫩多汁；若肉吃起來乾澀，表示肉已經烹熟過頭，但也有可能太早就將肉煎好，放置時間過長，也會讓肉塊變得乾澀。

煎豬排附燜紫高麗菜（Pan-fried Pork Loin with Braised Red Cabbage）

材料

豬里肌（約 150 克）	2 片	雞骨肉汁	60 克
澄清奶油	20 克	麵粉	適量
葡萄酒	20 克	鹽、白胡椒	適量

作法

❶將豬里肌蓋上保鮮膜並以肉鎚拍鬆

❷以胡椒、鹽調味

❸沾上一層薄薄的麵粉（將多餘的麵粉拍掉）

❹以澄清奶油或沙拉油將豬排煎炒上色。肉上色後才能翻面

❺肉取出後，若中心尚未熟透，可放烤箱中

❻鍋子離火後倒入葡萄酒去渣

❼以木匙將鍋底焦化的肉汁刮起。然後倒入褐高湯

❽略微濃縮後即可

❽將醬汁淋於豬排上

TIPS

1. 豬排刀工厚薄要均勻，大小一致，紋路正確，要拍鬆烹調。
2. 高麗菜絲刀工粗細大小一致。
3. 豬排烹調前須用白葡萄酒醃漬過。
4. 豬排醃料要能煮成醬汁使用。
5. 紫高麗菜要燜煮於鍋內，色澤亮紅，味道有酸中帶甜，口感柔軟。
6. 烹調紫高麗菜不可加糖。
7. 豬排要全熟，味道要適中，口感有彈性。

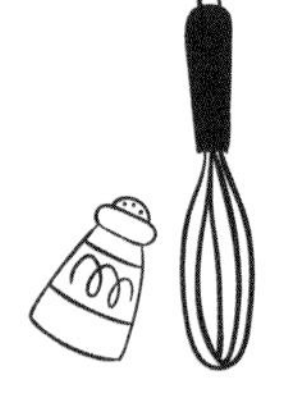

羅宋炒牛肉（Sauteed Beef Stroganoff）

材料

牛臀肉（切絲）	300 克	奶油	15 克
鹽、白胡椒粉	酌量	紅酒	60 克
洋蔥（切絲）	60 克	褐牛高湯	100 克
洋菇（切片）	120 克	月桂葉	2 片
酸奶油	60 克	百里香	1 支

作法

❶牛肉逆紋切絲，熱鍋，以澄清奶油大火快炒牛肉至半熟後取出，保溫備用

❷在炒過牛肉的鍋子中，加入少許的奶油，將洋蔥絲炒上色後取出

❸同樣的，也將洋菇片炒上色

❹同樣的鍋子，加入奶油，將紅蔥頭碎炒軟，離火，倒入紅酒去渣

❺倒入褐牛高湯，加入月桂葉、百里香煮數分鐘

❻醬汁濃縮至所要的稠度後，以鹽及胡椒調味過濾出來

❼將牛肉絲、洋蔥絲及洋菇片加入醬汁中，略炒讓肉吸收醬的香味，起鍋前加入酸奶油

❽成品（附菠菜麵疙瘩）

TIPS

1. 牛肉切絲紋路要正確，刀工要均勻。
2. 洋蔥、洋菇刀工大小厚薄要一致。
3. 牛肉醬汁濃稠度要適中。
4. 可隨意用香芹碎作裝飾。

洋菇煎豬排 (Pork Chop in Brown Mushroom Sauce)

材料

帶骨豬排（200克／塊）	2塊	紅蔥頭碎	30克
洋菇	200克	褐醬汁（雞骨肉汁）	250克
酒	30克	月桂葉	1片
鹽、白胡椒	適量	百里香	1支
糖漬紅蘿蔔	100克		

作法

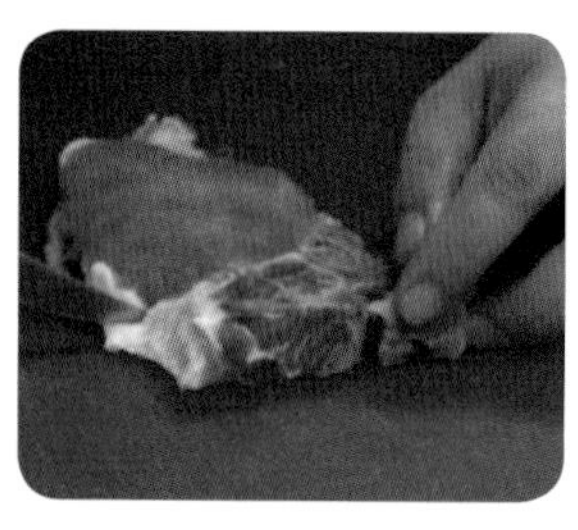
❶豬排斷筋

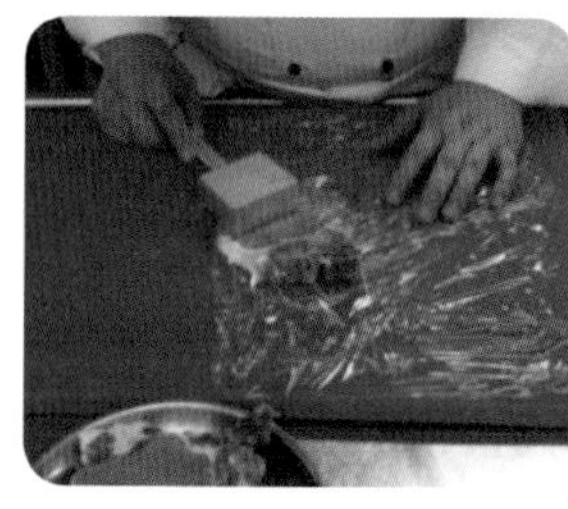
❷蓋上保鮮膜並以肉鎚拍鬆

❸以胡椒、鹽調味後，沾上一層薄薄的麵粉

❹平底鍋熱後，倒入少許的油，待油面呈紋路狀，即刻將豬排放入，當肉呈金黃色後翻面，繼續煎到熟

❺將肉煎至所需的顏色或熟度後，取出保溫，若肉尚未熟透，可置於烤箱中繼續的加熱

❻肉塊取出後，將鍋中多餘的油脂倒掉，加入少許奶油，將切片的洋菇以中大火炒上色，取出備用

❼在炒過洋菇的鍋中，再加入奶油拌炒紅蔥頭，炒至透明，加入洋菇梗，繼續炒，直到洋菇汁液流出

❽倒入紅酒，同時加入百里香、月桂葉，加熱直到紅酒濃縮約至一半量，倒入雞肉骨汁，濃縮至所要的稠度

❾將醬汁過濾

❿加入炒過的洋菇，以鹽、胡椒調味即可。（可依喜好加入少許的鮮奶油）

⓫成品（附橄欖形胡蘿蔔）

TIPS

1. 在步驟上可以先調製洋菇褐醬汁。豬排煎好後，將鍋子以紅酒去渣，然後倒入適量的洋菇褐醬汁，加熱到滾即可淋於豬排上。
2. 切帶骨豬排紋路要正確，刀工要均勻，洋菇片厚薄也要均勻。
3. 豬排不可煎焦，成品不可半生不熟。
4. 洋菇需要有炒的動作。
5. 奶油醬汁顏色不可過深，也不能油水分離。
6. 洋菇醬汁味道及濃稠度皆要適中。

煎鱸魚排附奶油馬鈴薯（Filet of Seabass à la Meunière）

材料

麵粉	50 克	檸檬汁	30 克
鱸魚菲力	2 片	去皮去籽檸檬片	2 片
澄清奶油	20 克	巴西利碎	少許
奶油	20 克	鹽及白胡椒	適量

作法

❶魚菲力以鹽、胡椒調味

❷沾上一層薄薄的麵粉

❸以澄清奶油將魚菲力煎上色，先煎魚骨面，再煎魚皮面

❹將煎過魚的油倒掉

❺鍋中加入奶油，加熱直到奶油呈現出堅果的香氣，此時奶油會呈淡焦黃色

❻離火，倒入檸檬汁，讓奶油降溫

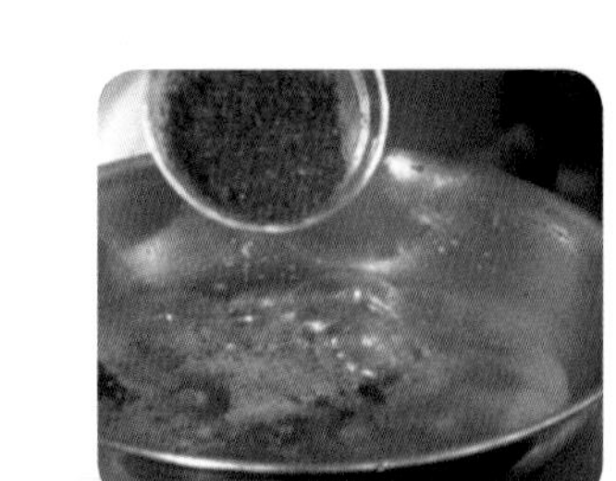

❼有些廚師會在醬汁中拌入巴西利碎。也可將巴西利直接灑在魚菲力上

❽在魚菲力上放上去皮去籽的檸檬片，淋上奶油醬汁

【注意】魚皮面朝下

淺油炸（Pan-frying）

CHAPTER 10

10.1　前置準備工作（Mise en Place）

油炸食物時，僅有部分的食物浸於熱油中，這樣的油炸方式稱之為「淺油炸」。淺油炸時所用的油量通常不超過食物本身厚度的一半（約到食材厚度的 1/3 到 1/4 之間）。以淺油炸方式料理的食物都會裹粉（包括麵粉、麵包粉等）。熱油會將裹在食物外層的麵包粉或是麵糊快速的硬化，如此可避免食材的汁液流出。淺油炸的食物多半可以直接油炸到熟，但對那些不易熟透、較厚的食物，上色後會放入烤箱中烤熟。淺油炸製作出來的食物，通常外表相當香酥可口，而包覆於其中的食材，淺油炸後變得相當的柔嫩多汁。用來搭配淺油炸食物的醬汁通常另外製作。

食材

淺油炸的烹調相當快速，適合選用肉質較嫩的部位。食材不宜過大，以不超過一人份大小為原則。適宜的食材包括雞胸、豬里肌肉、海鮮類、蔬菜、澱粉型蔬菜等。

油脂

適合用來淺油炸的油脂必須能耐高溫，不易在高溫下分解。如蔬菜油、沙拉油等。

器具

淺油炸的鍋具，鍋面宜廣，略比煎炒所用的鍋具為深。讓放進去淺油炸的食材不會太過擁擠，以減少食材在油炸過程中油炸油濺出的機會。食物在淺油炸的過程中，習慣上會以梅花夾或是有孔洞的鏟子，來將食物翻面。

10.2　裹粉及淺油炸的基本步驟

油炸食物前，往往會將食物裹上一層粉（以麵包粉最為常見），其目的除了可以讓食物吃起來酥脆多汁外，也可防止食物本身的水份、油脂等滲到油炸油中，而縮短油炸油使用的壽命。

裹麵包粉（Breading）

食材調味後沾麵粉，將多餘的麵粉拍掉，然後沾上蛋液，最後再裹上一層麵包粉，操作過程如圖示。保持一手濕，一手乾的操作模式。

❶以濕的手拿起肉排，放置於麵粉中，以乾的手將肉排沾裹麵粉

❷以乾的手將沾好麵粉的肉排放入到蛋液中，以濕的手沾裹蛋液

❸以濕的手將肉排從蛋液中取出，並放置於麵包粉中

❹以乾的手將肉排均勻的沾上麵包粉，並以手掌將麵包粉壓實

淺油炸基本步驟

1. 食材調味後，沾麵包粉或裹上麵糊。
2. 把適量的油放入鍋內，加熱至所需的油溫。
3. 將裹完麵包粉或上漿好的食材，放到熱油中，避免食材間彼此重疊。
4. 先把第一面煎至金黃色，再翻面煎至所要的熟度。如有必要，把煎好的食物放入烤箱中，直到熟透。
5. 放置於吸油紙上，吸油，供餐時附上合適的醬汁與配菜。

藍帶豬排（Pork Cordon Bleu）

「藍帶（Cordon Bleu）」看起來是道法國料理，實際上源自奧地利的維也納，是維也納豬排（Viennese Schnitzel）的衍生菜餚。維也納豬排傳統上是以小牛肉來製作，現今有時會以豬肉取代。所謂的藍帶豬排是以兩片維也納豬排來包夾乳酪及火腿。

材料

豬里肌肉（150～180 克）	2 片
火腿（約 15 克的薄片）	4 片
乳酪	4 片
鹽及白胡椒	適量

沾粉

油炸時沾裹：

麵粉	適量
蛋液	適量
麵包粉	適量

作法

❶將豬里肌肉片隔著保鮮膜，拍成約 0.8 公分的薄片

❷確認豬排可以完全將乳酪片包覆住。（豬排拍打時要中心部位略厚於邊緣）

❸以豬里肌肉片將火腿和乳酪包覆其中，將封口壓緊，置於冰箱中定形

❹以鹽、胡椒調味後，以兩手乾濕分離的方式，開始裹粉

❺依序裹上：麵粉→蛋液→麵包粉

❻將裹好麵包粉的豬排，放入冰箱。油炸前才可取出

❼油熱後，將豬排放入

❽炸至金黃色翻面，繼續炸至二面皆呈金黃色

❾盛裝炸好豬排的盤子要鋪上吹油紙，將多餘的油脂吸除

❿如果豬排太厚（中心不易熟透），上色的豬排可放入175°C的烤箱中，直到中心完全熟透

⓫成品

1. 食物在鍋內太過擁擠，會影響食材的上色，也會影響到食物香酥的口感。
2. 煎好的食物不宜久置，因為香酥的外皮，很快的就會吸食物的水份而變濕、軟掉。

NOTE

CHAPTER 11

深油炸（Deep-frying）

11.1 前置準備工作（Mise en Place）

深油炸就是把食材完全的浸泡於熱油中來加熱烹調。一般用來深油炸的食材多會裹上一層麵衣或麵糊。深油炸所烹調出的食物特徵和淺油炸相似，二者都是食物的外表會因此而形成一香脆的金黃色外皮，並將食物汁液和美味包於其中。

由於油炸是以高溫快速烹調食物，所需的時間極短。所以不論是在食材或油脂上，皆有一定的要求。

食材

適合油炸的食材本身必須要柔嫩，食材本身也不宜過大（不然會產生食物已充分上色但卻還沒有熟透的現象）。且食材在油炸之前都必須修整，讓外觀大小約略一致，以確保所有食材能在同一時間煮熟。常用來油炸的食材包括有：

- 海鮮類，以白肉魚為主。
- 肉類，以白肉為主，如豬里肌、雞肉等。
- 蔬菜類，馬鈴薯、地瓜等。
- 水果，香蕉、蘋果等。

油脂

油炸溫度愈高，油脂容易劣化變壞。所以油的特性必須要安定性夠、發煙點高（190℃以上），才較能耐炸，油炸油須無特殊風味，以避免影響食物的自然美味。常見的油炸用油如：棕櫚油、氫化大豆油、一般的植物油（不包括橄欖油、芝麻油）。

裹麵衣／裹粉

食物中的水份、油脂等，都會加速油炸油的劣化，因此食物油炸時，會包裹上麵糊（Batter）或沾粉（如麵包粉），除了可保護油炸油外，還可增進食物香酥的口感。食物裹上麵糊稱為麵衣。通常我們會在下鍋油炸之前才裹上麵衣。

11.2 深油炸的操作及其基本步驟

將食物放入熱油中的方法有二，我們會依食物的種類及裹覆材料的不同，使用不同的方式。

浮炸法（Swimming Method）

通常用於裹麵衣的食物。一旦食物上漿後，應即刻的放入熱油中去炸。可用夾子將食物放進熱油中；食物進入到熱油中後，一定會先下沉到底部；隨著食物逐漸的煮熟，就會慢慢浮到上面來。如果有必要，須將食物偶爾翻面，以確保食物上色均勻。

籃炸法（Basket Method）

此法通常用在裹粉的食物。通常會將裹好粉的食物置於油炸籃中，然後將籃子放入熱油中油炸，食物一旦炸熟後，將籃子自油鍋中取出，把炸好的食物倒出來。

浮炸法（Swimming Method）

籃炸法（Basket Method）

深油炸步驟（Basic Procedure for Deep-fry）

1. 把油炸油加熱到適當的溫度（通常在 165～190℃之間）。
2. 將食材裹上麵衣或麵糊。
3. 把食材放入熱油中，如有需要，可偶爾翻面，以便炸出的食材顏色能均勻。
4. 炸好後，如食物未熟透可進烤箱烤熟。
5. 將炸好的食物置於鋪有吸油紙的盤子上吸油，將多餘的油脂吸除。
6. 調味、即刻上桌給客人食用，並附上適當的沾醬。

炸鮭魚條附塔塔醬（Salmon fillets Orly with tar tar sauce）

在古典的法式料理中，“Orly”是指魚的烹調方式。依魚體型的大小，可以是整條魚或是分切成魚條。作法是將魚裹上麵衣後油炸，然後搭配番茄醬汁食用（在西餐丙級檢定則要求附塔塔醬）。

材料

材料	份量
鮭魚	500 克
鹽、白胡椒	適量
塔塔醬	100 克
檸檬	半顆
巴西利	2 支

麵糊材料

材料	份量
蛋（蛋白、黃分開）	3 粒
牛奶	250 克
低筋麵粉	225 克
泡打粉	1 大匙
鹽	1 小匙

作法

❶將牛奶和蛋黃混合。同時將所有乾性食材混合後，倒入牛奶與蛋黃混合液拌勻

❷拌勻後，放進冰箱至少靜置 30 分鐘

❸油炸前將打發的蛋白（濕性發泡期）拌入到麵糊中

❹輕輕的拌勻，即可用來包裹油炸食材

❺魚條以鹽、胡椒調味後，沾上一層薄麵粉（將多餘的麵粉拍掉）

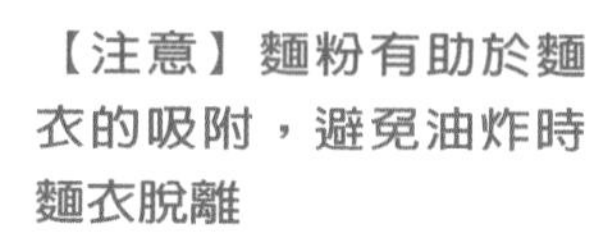

【注意】麵粉有助於麵衣的吸附，避免油炸時麵衣脫離

❻將魚條放入到麵糊中（上麵衣）

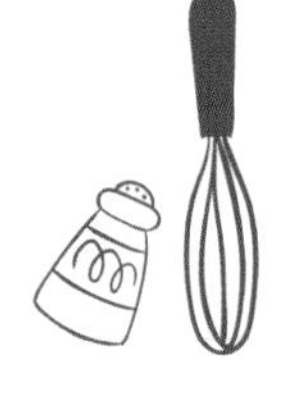

❼將上完麵衣的魚條輕輕的放入油中，剛下去魚條會先下沉，然後逐漸的會往上浮

❽油炸時，通常必須翻面，以確保上色的均勻

❾炸好的魚條，取出後置於吸油紙上

❿放上檸檬、炸熟的巴西利，附上塔塔醬，即完成

鮭魚屬油脂含量高的魚類，若再以油炸的方式料理，這種油上加油並不合乎現代西方料理的原則。這道炸鮭魚條，僅存在於古典的法式料理中，幾乎已經不會出現在現代餐廳的菜單中。通常用來油炸的魚，以白肉魚為主，如英國最具代表性的菜餚之一—Fish & Chips，所用的就是肉色雪白的鱈魚。

NOTE

CHAPTER 12

低溫水煮（Poaching）

12.1 濕熱烹調法

所謂的低溫水煮（Poaching）是把食物置於 85～90℃的煮液（熱水）中加熱烹調。低溫水煮是一種非常溫和的烹調方式，烹煮過程中，煮液幾乎是保持不滾動的狀態，所以非常適合用來烹煮那些質地風味細緻的食材。

在西式料理中，以水為主要的熱能傳遞媒介的烹調方式稱為濕熱烹調法。濕熱烹調法的烹調過程中，熱能藉由水（或水蒸氣）與食物直接接觸，將熱能傳導給食物，讓食物溫度逐步上升而煮熟。這種以水為介質的烹調方式，最大的優勢就是能夠維持固定的沸點（海平面上 100℃），水的溫度接近沸點時，最接近火源的水（通常是鍋底位置），會先達到沸點，讓水迅速的轉變成蒸氣，產生大量的氣泡。這讓我們可以很容易就知道水溫達到 100℃左右。水滾後，把火力加大也不會讓其溫度上升，因為液體達到沸點後，就會轉變成蒸氣，因此火力加大只是增快水份的蒸發。

濕熱法依火力的強弱，液體會呈現出不同的現象：沸騰（Boiling）、徐徐沸騰小滾（Simmering）、或是鍋底冒著小氣泡（Poaching）。由此發展出三種不同的加熱烹調方式：燙煮、小火燉煮、低溫水煮及蒸。

低溫水煮（Poaching）

低溫水煮指的是鍋子底部生成的一些氣泡並不會浮到液面上。會一直停留於鍋子底部，液體不會有任何的抖動情形，此時水溫會在 80～90℃左右。

低溫水煮通常用來製作一些質地細嫩的食材，如水煮蛋、魚類海鮮等。這類食材在較低的水溫下，烹煮所需的時間較長，但溫和的加熱過程有助於讓這些食材保有完整的外觀及細緻的質地。

徐徐沸騰／小滾（Simmering）

所謂徐徐沸騰指的是鍋子的底部生成的氣泡會緩緩的浮到液面，水面僅呈現出些許的動搖。此時水溫會在 90℃左右。

西式料理中，許多的菜餚都是以小滾的方式烹煮。包括燉或燴的菜餚、湯、高湯、醬汁等。

沸騰（Boiling）

水於沸騰狀況下，呈現劇烈的滾動，大量的氣泡自鍋子的底部快速浮到液面，此時水溫會在 100℃左右。

除了燙煮蔬菜和一些澱粉類食物外，我們極少以煮沸大滾的方式來烹煮食物。大滾的烹調方式，經常是用在烹煮麵食。這是因為水的劇烈滾動，可以讓麵彼此分離、避免黏附在一起。

12.2　低溫水煮的類型

低溫水煮是一種溫和加熱的烹調方式。對保有完整的外觀及細緻的質地有相當的助益。低溫水煮依液體量的多寡又可分成二種：

浸泡式低溫水煮（Submerged or Deep Poaching）

所謂的浸泡式低溫水煮，是指食材在烹調的過程中，完全浸泡在煮液之中。通常我們都是以高湯或是調味煮液（Court Bouillon）為其煮液。所謂的調味煮液就是一種於短時間所製作出來具香味的湯液。在製作上比高湯簡單快速，常用的食材包括有調味蔬菜、葡萄酒、醋、檸檬汁、辛香料（如月桂葉、巴西利、胡椒等）等。

浸泡式低溫水煮的基本步驟

1. 將（調味）高湯加熱到小滾。
2. 放入食材海鮮，同時煮液要完全將食材蓋過。
3. 於爐上緩緩加熱煮熟（必要時可離火或關掉火源）。
4. 取出後，分切或切片，搭配適合的醬汁、盤飾等，上桌食用。

部分浸泡式低溫水煮（Shallow Poaching）

所謂的部分浸泡低溫水煮是藉由少量的煮液把魚等海鮮煮熟。然後再把煮液調製成搭配該食材的醬汁。部分浸泡低溫水煮所用的煮液通常是以一半高湯加上一半白酒。烹煮的時候，煮液只蓋到魚肉厚度的 1/3～1/2 處，蓋上塗有奶油的油紙或鍋蓋，在爐台上加熱到接近小滾後，放入烤箱中來完成烹調。藉由接近小滾的煮液和其生成的蒸氣來將食材煮熟。食材煮熟、取出後，會將煮液濃縮調製成搭配此道菜餚的醬汁。此法適合用於烹煮小塊或是一人份量的食物。

12.3　低溫水煮菜餚製作

在西餐丙級檢定中，主廚沙拉及總匯三明治都會用到水煮雞胸肉，而雞胸肉的烹調就可以浸泡式的低溫水煮法來加以烹煮。另外海鮮燉飯及海鮮沙拉的海鮮部分，也可以選擇浸泡式的低溫水煮法來加以烹煮。

乳酪奶油焗鱸魚、奶油洋菇鱸魚排和佛羅倫斯雞胸等三道菜可以被歸類成部分浸泡低溫水煮法。

- **奶油洋菇鱸魚排（Fillet of Seabass Bonne Femme）**

奶油洋菇鱸魚排其方法和乳酪奶油焗鱸魚相同，兩者的差異主要是在搭配的醬汁上。因搭配的醬汁不同，在醬汁製作的最後步驟上有些許的差異。乳酪奶油焗鱸魚是在濃縮的煮液中加入 Mornay 醬汁。奶油洋菇鱸魚排則是加入鮮奶油，最後再加入洋菇和巴西利作為醬汁的配料（Garnishes）。

- **奶油洋菇鱸魚排 — 古典料理方式（Fillet of Seabass Bonne Femme）**

古典的料理方式最大的差異是在洋菇加入的時機。古典的烹調中會把切片的洋菇放在魚菲力的下面，而長時間的加熱烹煮，往往會讓洋菇有煮過頭的現象（顏色變深、脫水等）。所以現代版的料理方式，是將洋菇在烹調的最後階段才加入。但古典的料理方式，仍然相當常見，值得加以介紹。

- **佛羅倫斯雞胸（volaille a la Florentine; Chicken Florentine）**

"Florentine" 這個字法文指的是義大利城市佛羅倫斯。然而在古典法式料理中指的則是「菠菜」。據說菠菜成為法國飲食的一部分是在十六世紀，當時由佛羅倫斯的 Cathering 公主（Cathering di Medici）帶到法國，而成為法國人飲食的一部分。因此在古典法式料理中，只要是菜餚下方鋪有奶油炒過的菠菜或是淋上乳酪醬汁的菠菜，菜餚名稱的後面皆會被冠上 "a la Florentine"。

它也是指一種烹調方式。主要是用來料理魚、白色肉或蛋，菜餚中除了菠菜外，通常還會配上 Mornay 醬汁。在艾斯可菲的烹調指南中，佛羅倫斯雞胸的烹調，強調的是以不上色為原則。因此西餐的專業教科書中多半會將此道菜歸類成低溫水煮。基本上，其作法與乳酪奶油焗鱸魚相同。在義大利 "Alla Florentina" 這個名詞是用來指佛羅倫斯地區典型的菜餚。佛羅倫斯雞的做法也和乳酪奶油焗鱸魚相近似。

乳酪奶油焗鱸魚（Seabass Fillet a la Mornay）

材料

鱸魚、菲力片	2 片	白葡萄酒	100 克
奶油	20 克	Mornay 醬汁	200 克
紅蔥頭（切碎）	2 大匙	巴馬森乳酪	2 大匙
魚高湯	100 克	鹽、白胡椒	適量

作法

❶鍋底塗上一層奶油

❷灑上紅蔥頭碎

❸鱸魚菲力以鹽、胡椒調味後置於紅蔥頭碎上

❹倒入魚高湯和白酒（約達食材高度的1/3～1/2間）

❺置於爐檯上，以中火加熱

❻將烤盤紙剪成圓形紙蓋，刷上奶油避免沾黏食材

❼加熱至小滾後，蓋上紙蓋，放入160℃的烤箱中約6分鐘（或直到熟）

❽將煮熟的魚菲力取出，蓋上紙蓋，置於溫度較高的地方保溫。開始製作醬汁

❾將煮過魚菲力的湯液過濾

⑩放回爐檯上以中大火加以濃縮

⑪湯液濃縮至糖漿般的稠度，加入Mornay醬汁。繼續加熱濃縮到所需的稠度

⑫將醬汁淋到魚菲力上

⑬灑上巴馬森乳酪粉

⑭置於明火烤爐下烤上色

⑮佐上香芹馬鈴薯即完成

1. 魚體要儘快做去鱗、內臟、骨、皮等處理，要乾淨、雅觀。
2. 魚處理後未即時烹調前要適當冷藏。
3. 魚要在魚高湯中以水波煮（Poaching）烹調且魚片要完整。
4. 要能烹調出乳酪奶油醬，且濃稠度要適中。
5. 成品要焗出金黃色澤。
6. 醬汁味道要有乳酪及鮮奶油的香味。
7. 馬鈴薯形狀大小要一致且有香芹碎裝飾。

奶油洋菇鱸魚排—古典料理方式（Fillet of Seabass Bonne Femme）

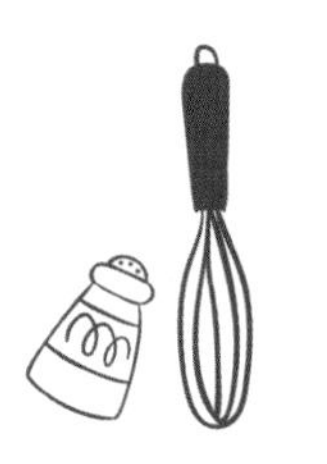

材料

鱸魚，菲力片	2 片	白葡萄酒	100 克
洋菇	100 克	鮮奶油	50 克
奶油	20 克	巴西利碎	10 克
紅蔥頭（切碎）	2 大匙	鹽、白胡椒	適量
魚高湯	100 克		

作法

❶鍋底塗上一層奶油、灑上紅蔥頭碎，最後鋪上洋菇片

❷魚菲力以鹽、胡椒調味後，置於洋菇片上。倒入魚高湯和白酒（約達食材高度的 1/3）

❸置於爐上加熱，滾後蓋上塗有奶油的紙蓋

❹放進 160°C的烤箱中約 6 分鐘

❺將煮好的魚菲力取出，蓋上紙蓋。置於溫度較高處保溫。開始製作醬汁

❻將煮魚的汁液置於爐上以中大火濃縮，直到呈糖漿般的濃稠度

❼加入鮮奶油，繼續濃縮，直到呈現出醬汁該有的濃稠度

❽當醬汁達到所要的濃稠度時，加入巴西利碎，關火起鍋

❾將醬汁淋在魚菲力上，佐上香芹馬鈴薯，即完成

1. 魚體去鱗、內臟、骨、皮等處理要乾淨，鮮魚肉片是否適當冷藏。
2. 洋菇切片厚薄應均勻。
3. 利用魚骨做出魚高湯，且酒與湯汁的比例應適中。
4. 需用魚高湯烹調（Poaching）魚，且時間與溫度要恰當。
5. 調製奶油洋菇醬汁的魚湯汁須先濃縮，醬汁的稠度要適當且口感鮮滑。
6. 香芹馬鈴薯要熟透且口味要乾香。
7. 可隨意有焗的動作。

佛羅倫斯雞胸（volaille a la Florentine; Chicken Florentine）

材料

雞胸肉	2 片	白葡萄酒	100 克
波菜	150 克	Mornay 醬汁	200 克
奶油	20 克	parmesan 乳酪	2 大匙
紅蔥頭（切碎）	20 克	鹽、白胡椒	適量
魚高湯	100 克		

作法

❶在鍋底塗上一層奶油，灑上紅蔥頭，放入雞胸，倒入適量的白葡萄酒和雞高湯，加熱到小滾

❷滾後，蓋上塗有奶油的紙蓋，放入 175°C的烤箱中，約需 10 分鐘

❸雞胸肉煮熟後，取出、蓋上紙蓋，置於溫暖處保溫

❹將煮雞胸肉的煮液過濾後，加熱濃縮到似糖漿般的稠度

❺加入 Mornay 醬汁，以鹽及胡椒調味

❻繼續煮到需要的濃稠度

❼盤中放上以奶油炒熟的菠菜，再將雞胸置於其上，淋上醬汁並灑上巴馬森乳酪

❽置於明火烤爐下，直到呈金黃色

❾附上青豆仁飯，即完成

1. 全雞取肉部位要正確，動作要乾淨。
2. 烹調奶油乳酪醬汁時雞高湯與酒的比例要適中。
3. 雞胸肉先煎後烘烤，時間不可過久，要注意成品時雞肉熟度恰好的口感。
4. 醬汁濃稠度要適宜，直接淋於雞胸上。
5. 菠菜不可剁碎。
6. 青豆飯不可出油，飯粒口感要 Al Dente。
7. 焗烤後醬汁不可成麵皮，也不可出油。
8. 雞胸成品須使用明火烤爐焗成金黃色。

奶油洋菇鱸魚排（Fillet of Seabass Bonne Femme）

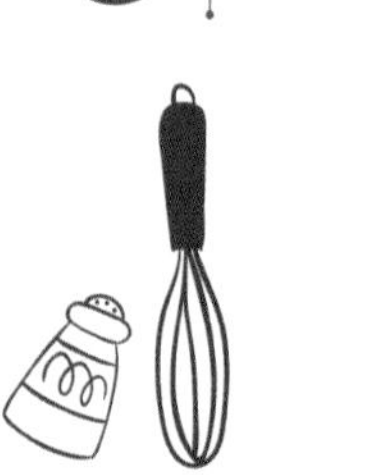

材料

鱸魚，菲力片	2片	白葡萄酒	100克
洋菇	100克	鮮奶油	50克
奶油	20克	巴西利碎	10克
紅蔥頭（切碎）	2大匙	鹽、白胡椒	適量
魚高湯	100克		

作法

❶煮魚步驟請參考乳酪奶油焗鱸魚步驟1~8

❷魚排取出後將煮液加熱濃縮到呈糖漿般的濃稠度，再倒入動物性鮮奶油

❸以中大火繼續濃縮（讓其保持滾動的狀態）。直到呈醬汁般的濃稠度

❹加入切片的洋菇，煮軟即可約需1～2分鐘（久煮會有出水的情形）

❺起鍋前加入巴西利碎

❻將醬汁淋在魚菲力片上，佐上香芹馬鈴薯，即完成

CHAPTER 13 爐烤（Roasting / Baking）

13.1 前置準備工作（Mise en Place）

所謂的爐烤就是在烤箱中，將食材以不覆蓋的方式，直接暴露於熱空氣下加熱烹煮。食材接觸到乾燥的熱空氣後，溫度會快速的上升，同時逐漸的往食材中心滲透，食材的中心溫度就一直上升。食材受高溫影響，部分的汁液也會流出。這些自食材滲出的汁液，滴到烤盤上會乾掉焦化（富含香味）。傳統上我們會以它來製作成用來搭配該食材（通常為肉類）的醬汁。

主食材

適合用來爐烤的肉塊要大且肉質柔嫩。常見的包括牛肋眼、全雞等，這些通常都需要綁縛定型。

牛肋眼

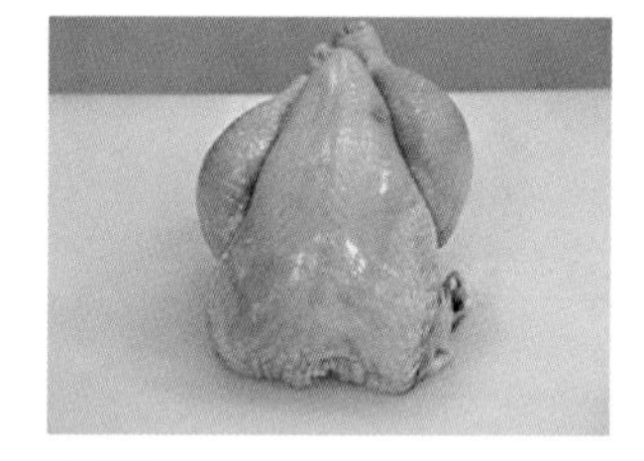

全雞

器具

爐烤是藉由高溫的熱空氣來加熱烹調食物，所以挑選器具時，最大的考量點就是避免阻礙熱空氣的流動，造成受熱不均的情形。

烤盤（Roasting Pan）

盤緣要低，有助於熱空氣的流動，讓食物能均勻的接觸到熱空氣。

網架（Rack）

網架也能將食物架起，避免讓食物在流出的汁液中爐烤。同時也有助於食物的受熱均勻。

13.2 爐烤基本技巧及步驟（Basic Techniques and Procedure for Roasting）

爐烤基本技巧

爐烤溫度（Temperature）

一般的肉塊以165℃的爐溫來烤，所需的時間不會過長，肉質風味亦不錯。較小的肉塊，通常會以175℃左右的爐溫來烤，而對於大的肉塊，155℃則較恰當。

爐烤熟度判斷（Testing Roasted Ltems for Doneness）

爐烤的雞、肉塊等的熟度之判定可由肉塊中心溫度的高低來判定。在溫度計尚未出現之前，廚師是把針刺入肉塊的中心部位，靜止數秒鐘取出，以身體較靈敏的部位（如下唇）來感受熱度，如果微溫（Leukwarm）則表示肉塊約達三分熟，若感覺溫熱則約五分熟。若略燙則表示達到全熟。這需要相當的經驗才能較準確判定。家禽類則可用肉叉刺入禽體內，若流出的汁液呈粉紅色（有血在其中），表示沒熟，若流出的肉汁呈澄清透明，表示肉已經烤熟。

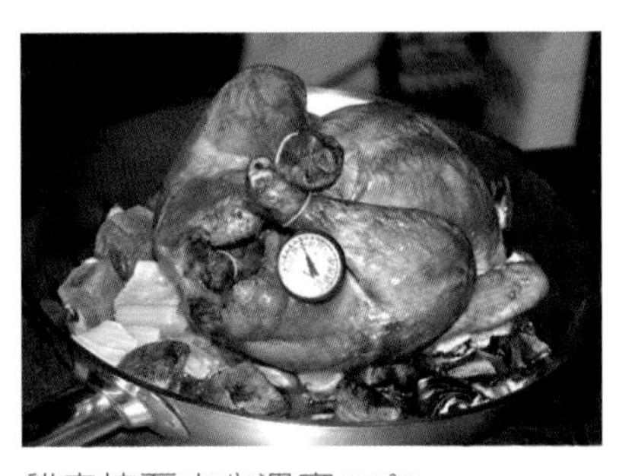

雞肉烤至中心溫度70℃

現今爐烤的熟度多以溫度計量肉塊的中心溫度，來判定肉塊的熟度。此法的準確度高，容易進行，食物之熟度較一致。若使用溫度計時，針要避開骨頭及脂肪的部位。因為這二個部分的溫度會較高，會造成中心溫度的誤判。

淋油（Basting）

爐烤的過程中，有些廚師會有淋油的動作。

所謂的淋油就是在爐烤的過程中，將肉塊所流出的油脂及汁液，以毛刷、湯匙等撈

將烤雞流出的油脂刷於雞表面

起，淋在肉塊上。因為他們認為有助於肉塊的上色及肉質的濕潤。但這並非必要的動作。

爐烤的基本步驟（Basic Procedures for Roasting）

1. 肉塊、雞等經修整後（包括切除多餘的脂肪等），以棉線將其綁好定型（美觀及受熱均勻）。
2. 將食材調味（鹽、胡椒等）、填塞香味蔬菜或醃漬。
3. 以熱油煎上色，或放進高溫的烤箱中，然後再降溫，使其外表呈焦黃色（此步驟依個人習慣可有可無）。
4. 將肉塊放入烤盤中並將其墊高（調味蔬菜或網架）。放入預熱好的烤箱中，將肉塊烤至所需的熟度。
5. 將烤好的肉塊取出，覆蓋放置於廚房中溫度較高處，約 10 分鐘才可開始將其分切。
6. 用烤盤來調製搭配肉塊的肉汁或醬汁。

注意

雞從烤箱取出後，會以鋁鉑紙蓋住，放置於較溫暖的地方至少 10 分鐘，在這段時間內，肉塊的中心溫度會先升高，肉汁處於流動狀態。肉塊的溫度達到平衡後，溫度開始緩緩下降，這些肉汁就漸漸的被肉吸收。此時分切肉塊，汁液的流失就會減少。

爐烤肉汁製作的基本步驟

1. 肉塊烤好取出後，把烤盤置於爐上，將調味蔬菜以小火將調味蔬菜炒成焦黃色。
2. 烤盤中多餘的油倒除，以（紅）葡萄酒、高湯等液體，將沾附於烤盤底部的一些乾掉成份溶出（專業術語稱為 Deglaze）。
3. 倒入醬汁鍋中，以小火煮（Simmer）數分鐘，撈除液面的浮油，調味，即得所謂的肉汁（Jus）。若加入少量的玉米粉，就得到的稠化肉汁（Jus Lié）。

❶將烤盤（煎鍋）置於爐火上加熱，直到調味蔬菜上色焦化

❷將油脂倒掉。離火，以紅酒去渣（以木匙將沾黏於鍋底的焦化肉汁刮起溶化）

❸加入雞高湯，煮約 5～10 分鐘

❹過濾即可。以木匙將調味蔬菜中的汁液壓擠出來

• 原汁烤全雞（Roasted Chicken Au Jus）

通常烤全雞時，我們會使用烤盤及網架。而烤盤不可太薄，因為製作醬汁時，會將烤盤於爐火上加熱去渣，常易會有燒焦或變形的情形。單獨只烤一隻雞時，可用煎鍋來取代烤盤。因為煎鍋的鍋緣低、鍋底厚，具把手便於拿取。鍋底鋪上調味蔬菜，可以有網架的功能。烤雞的表皮經常會刷上一層油脂（澄清奶油是最常見的油脂），除了有助於全雞的上色，也會讓雞皮更為香酥（有淋油的功能）。

原汁烤全雞（Roasted Chicken Au Jus）

材料

材料	份量
光雞（2 公斤）	1 隻
澄清奶油	20 克

香料束

香料束	份量
月桂葉	2 片
百里香	2 株
巴西利梗	1 支

調味蔬菜

調味蔬菜	份量
洋蔥	100 克
胡蘿蔔	50 克
西芹	50 克
紅葡萄酒	20 克
雞高湯	60 克
鹽、白胡椒	適量

作法

❶調味蔬菜置於煎鍋中，將綁好的全雞灑上胡椒鹽後把香料放入雞的腹腔中

❷全雞的表皮刷上一層澄清奶油

❸放進 165°C的烤箱中，烤約 40 分鐘

❹取出後，以肉叉從雞尾腹腔的開口處刺入腹腔，將雞叉起

❺若流出透明的汁液，表示雞已經烤熟；若流出的液體仍有血水，則仍需放回烤箱繼續烤（若食材上色已經足夠，可將烤箱溫度調降）

❻確認雞熟後取出，以鋁鉑紙覆蓋保溫，靜置至少 10 分鐘才可分切。同時開始調製醬汁

烤雞分切的基本步驟

1. 剛烤好的雞不宜馬上分切，否則會造成肉汁大量的流失。通常烤雞必須靜置至少 10 分鐘，才可將綁縛的棉繩拿掉，開始分切。
2. 烤雞的分切方式，第一步是先取下雞腿。下刀方式和一般雞分切方式相同。也就是從雞腿與雞身連接處下刀，將其切開取下雞腿。
3. 沿著胸骨，將兩邊的雞胸劃開。然後將刀尖貼近雞肋骨，將雞胸取下。

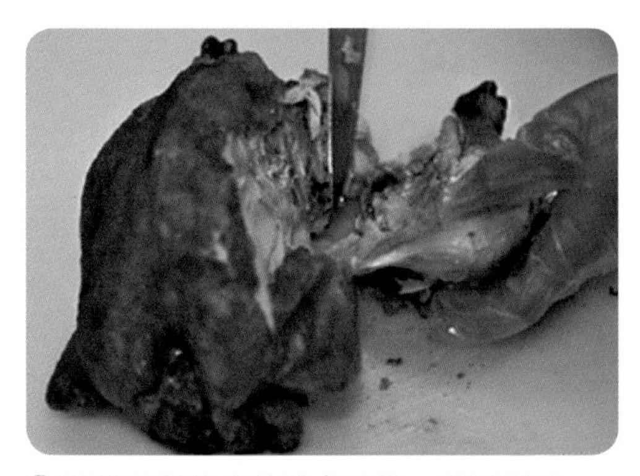

❶從雞腿與雞身連接處下刀，取下雞腿

❷沿著胸骨處劃刀，刀尖貼近雞肋骨，將雞胸取下

烤雞的裝盤

西餐丙級檢定要求一隻雞供兩人食用，所以只需將雞分切成兩支腿及兩塊雞胸，就可以直接裝盤。

在古典法式料理中，通常一隻雞，可分切成四人分。其做法和八塊雞的分切方式相同：將雞胸切成兩分，雞腿從關節處切開。裝盤時每個人分到一隻腿肉和一塊胸肉。

烤雞裝盤後，可以淋上一些肉汁，如有需要可以再附上一些肉汁。

西餐丙檢裝盤法

古典法式料理裝盤法

注意

1. 全雞去頭腳動作要乾淨俐落，部位要正確。
2. 棉線綁雞手法要正確。
3. 全雞烤成金黃色澤，不可焦黑。
4. 烤盤取出烤物後要有 Deglaze 動作。
5. 要用烤雞鍋內的肉汁調製濃稠度適當的醬汁，不能加入麵粉。
6. 煎烤馬鈴薯刀工及烹調法要正確。
7. 全雞要去背骨及胸骨後對切（或也可繼續切片）裝盤。

燴（Stew）

CHAPTER 14

14.1　前置準備工作（Mise en Place）

法式料理中，燴是屬於一種混合的烹調方式。所謂的混合烹調法就是一道菜餚中同時運用到乾、濕二種烹調方式。其做法就是把主食材，先以大火煎炒上色（乾熱）後，放入高湯等煮液中（濕熱），以小火長時間的燉煮。

燴的菜餚可以讓肉塊在湯汁中長時間的燉煮，這過程有利於肉塊的軟化，因此特別適合用來烹煮運動量多、肉質較硬的肉塊。同時在燉煮的過程中，隨著各個食材天然香味的釋出和煮液因蒸發而濃縮，燴的菜餚在風味及口感上會隨之增強、複雜。燴的菜餚在起鍋、菜餚製作即將完成之前，有時會拌入動物性鮮奶油、新鮮香草等來提升其風味。

燴是一種以小火長時間慢煮的濕熱烹調方式，不適合用來料理質地柔嫩的肉類。在材料及器具挑選上的基本原則：

主食材

選用肉質較硬的肉。包括年齡較大的動物或是運動量較多的部位。燴不是用整塊的肉，而是將肉塊切成大丁。

煮液

依主材料的屬性、特性或是食譜的建議，選擇合適的煮液，常見的煮液包括：高湯、醬汁、水等。

其他食材

除了主食材外，通常還會加入香味蔬菜，以增進菜餚的風味。要加入的香味蔬菜最好分別放入鍋中，不要全部一起下鍋，因為每一種蔬菜所需煮的時間不盡相同，因此，加入的時間也不同。

器具

燉鍋最好鍋底要厚、有鍋蓋。以利於均勻且緩慢的加熱。通常肉塊必須煮到用叉子可以輕易刺穿，所以習慣上稱為“Fork Tender”。燴的菜餚都會準備一支叉子來測肉塊的熟度。

14.2　燴的基本步驟（Basic Procedure for Stewing）

燴是一種混合烹調法。主食材會先以乾熱方式煎炒，然後加入液體慢燉。藉由不同的煎炒程度（不同焦化程度）、加入不同的食材等等，衍生出多種不同類型燴的菜餚。但燴的菜餚約略可被歸納成下列標準步驟。

1. 肉塊將多餘的油脂切除後，分切成需要的大小（通常約為 1～2 口大小的立方塊），可先醃過以增加菜餚的風味。
2. 依燴種類的不同，主食材和調味蔬菜等，會有不同的方法來處置：
   - 白色燴菜（White Stew）：肉塊經汆燙或在熱油中略炒不上色；同時調味蔬菜也是炒軟、不上色。
   - 褐色燴菜（Brown Stew）：肉塊經煎炒成深的焦黃色或褐色後，取出備用然後將香味蔬菜炒香、炒上色。
3. 肉塊放回鍋內，加入湯液，其量以能蓋過所有的肉塊為原則。同時放入香料束或袋等。
4. 將其加熱到小滾，蓋上鍋蓋，可在爐檯上或烤箱中加熱烹調，直到所有的食材煮到熟透。
   - 可以很輕易的以叉子刺穿或切開。
   - 煮的過程中，若液體過度蒸散，可加入更多的高湯或水。
5. 過濾，將食材與煮液分離。並將煮液調製成醬汁。
   - 食材：將肉塊挑出，其他的食材，若不上桌給客人，可以丟棄。肉塊取出後，淋上少許的煮液，並蓋上鋁箔紙保溫。
   - 煮液：各種食材的天然香味釋放到其中，加上燉煮過程中，因水份的蒸發而逐漸的稠化，很自然的就會被用來做為醬汁之用。若煮液仍稀，可加熱濃縮，直到液體達到所需的濃稠度。煮液的風味已經足夠，直接以勾芡的方式稠化之。
6. 肉塊放回稠化的煮液中。加入其他搭配性食材（如果有），加熱到滾。
7. 如有需要，起鍋前拌入動物性鮮奶油。

14.3 燴的種類

在法國的古典的料理中，燴可區分成二大類：白燴及褐燴。二者在做法上最大的差異是食材是否煎炒「上色」。白燴不論是主食材（肉塊）或是香味蔬菜，煎炒時皆不上色（焦黃色）。習慣上也會以白色的高湯為其煮液。至於褐燴則必將食材煎炒上色，同時也會以褐高湯來做其煮液。

- **白燴雞（Chicken Fricasse）**

"Fricassee"是白燴的一種。傳統上指燴雞的菜餚，其雞肉的部分，以中小火煎炒過後（可上色、可不上色），加入高湯，以小火慢煮的方式將雞煮到熟透，雞塊取出後，煮液稍加濃縮，最後拌入少量的動物性鮮奶油。

- **紅酒燴牛肉（Beef Stew in Red Wine）**

說到紅酒燴牛肉，法國波根地的紅酒燴牛肉（Boeuf Bourguignon）最為有名。法國的肉鋪，經常將那些用來燉的牛肉塊（Stewing Cut）稱為波根地牛肉（Beef Bourguignon）。這是因為他們認為大部分的人，買這些肉塊是要用來製作波根地紅酒燴牛肉，而非這些牛肉產自波根地地區。雖然波根地地區所生產的紅酒品質普通，但該地區的波根地紅酒燴牛肉已經成為法國經典的代表菜餚之一。

製作波根地紅酒燴牛肉時，牛肉通常必須浸泡於紅酒中隔夜。但受限於西餐丙級檢定的時間，牛肉僅能醃泡三十分鐘左右。古典的燴的菜餚（包括波根地紅酒燴牛肉），通常是以培根條、小洋蔥及煎過的土司為配菜。但西餐丙級檢定無相關要求。

白燴雞（Chicken Fricasse）

材料

全雞	1 隻	百里香	1 株
洋蔥（切丁）	半顆	麵粉	1 大匙
蒜頭（切碎）	1 大匙	鮮奶油	120 克
雞高湯	500 克	巴西利碎	1 小匙
白酒	100 克	鹽及胡椒	適量
月桂葉	2 片		

作法

❶將雞分切成八塊，切除關節部分，放入鍋中稍加煎過（不需上色），取出備用

❷在煎雞肉的鍋子中加入洋蔥，濕炒至略呈透明（約需 3 分鐘）。加入蒜頭，炒到有香味，約需 1 分鐘

❸加入約一大匙的麵粉，略炒 1 分鐘

❹倒入高湯、白酒

❺將雞塊放回到鍋中，加入月桂葉、百里香、鹽及胡椒，小滾後，撈除浮渣，將火轉小並蓋上鍋蓋

❻小火慢煮約 45 分鐘後，將雞塊取出

❼將煮液過濾到醬汁鍋中

❽將煮液放回爐檯上加熱，煮至需要的稠度後，倒入鮮奶油，再加熱數秒

❾將雞塊放回到醬汁中回溫，以鹽及胡椒調味後熄火

❿盤中放上炒好的麵疙瘩，擺上幾塊，淋上醬汁，撒上巴西利碎，即完成

紅酒燴牛肉（beef stew in red wine）

材料

牛肋條（切塊）	500 克	牛高湯	600 克
洋蔥	1 顆	番茄糊	1 大匙
胡蘿蔔	1/3 條	麵粉	1 大匙
西芹	1/2 條	香料束	1 個
紅酒	200 克	鹽及胡椒	適量

作法

❶牛肉與調味蔬菜、紅酒至少醃 30 分鐘（蓋上保鮮膜放入冰箱）

❷將牛肉、調味蔬菜從紅酒中濾出，將牛肉挑出

❸以少許的油脂，將牛肉於湯鍋中煎上色

❹牛肉上色後取出

❺將多餘的油脂倒掉，只留下少許的油脂來炒調味蔬菜

❻調味炒上色後，加入番茄糊，炒約 1 分鐘

❼加入一大匙麵粉，拌炒一下

❽將醃肉的紅酒加熱到滾後，過濾，澄清的液體直接濾到湯鍋中

❾加入褐高湯

❿將牛肉加入

⓫放入香料束，加熱到滾

⓬滾後撈除浮油及浮渣

⓭轉小火並蓋上鍋蓋

⓮煮約 2.5 小時，牛肉可以輕易以叉子刺穿，表示熟了

⓯將煮液濾出

⓰把牛肉挑出，並將煮液放回爐火上加熱濃縮

⓱煮液達所需的濃稠度後，再把牛肉放回鍋中回溫，以胡椒、鹽調味

⓲盤中放上奶油雞蛋麵，再放上牛肉，即完成

TIPS

1. 牛肉與蔬菜刀工要一致。
2. 須有醃漬的動作。
3. 烹調時牛腩須瀝乾才煎上色，注意鍋子不可冒火燄。
4. 醃漬物需先與牛腩拌炒後才可澆上醃汁燴煮。
5. 牛腩不可有焦味，要熟透，需煮至肉塊裹著濃稠的醬汁。
6. 醬汁的濃稠度要適宜。
7. 麵條需用奶油炒過。

匈牙利牛肉湯（Goulash Soup）與匈牙利燴牛肉（Hungarian Goulash）

匈牙利牛肉湯和匈牙利燴牛肉都是世界知名的菜餚。二者英文的名稱上都出現“Goulash”。到底什麼是“Goulash”？對匈牙利以外的人而言，這兩道菜不論是在名稱或烹調方式上，都是相當的令人困惑，甚至是有些誤解。

“Goulash”是英文，是“Hungarian Gulyas”的縮寫，指的是「牧牛的人所吃的肉」。在匈牙利，“Gulyas”指的是牧牛的人，衍生來指他們所吃的一道豐盛的牛肉和蔬菜（特別是馬鈴薯和洋蔥）湯。匈牙利以外的人則往往把另一道匈牙利傳統的燴菜“Pörkölt”，誤認為是“Goulash”。“Pörkölt”肉的種類沒有限制，但以牛肉、豬肉和羊肉最為常見。若加入酸奶油（Sour Cream）則稱為 Paprikás。

對匈牙利人而言，不論是家庭主婦或是廚師，往往都會有自己的方式來烹調匈牙利牛肉湯和匈牙利燴牛肉。當然也都會強調自己的作法最「道地」。因此我們有必要從歷史背景來了解這些菜餚。

匈牙利牛肉湯（Goulash Soup）

“Goulash”這個字在匈牙利的原文為“Gulyás”，指的是「牧牛的人（Herdsman）」，也就是所謂的牛仔。被衍生用來指牧牛的人所吃的菜餚（牛肉蔬菜湯）。這道菜原本只是牧牛的人，在離家牧牛的期間，將自己所畜養的牛屠殺後，直接在田野生火，一邊工作一邊以大鐵鍋，烹煮要填飽肚子的飯菜（Meal）。由於牧牛的工作相當繁忙，他們無法一直站在鍋子旁邊拌炒或是看著柴火。所以 Goulash 作法直接，簡單不複雜。同時離家在外，可取得的食材自然有所侷限。雖然如此，Goulash 卻仍是相當的美味且豐盛。因此，百年來一直廣受匈牙利人的喜愛。現今“Gulyás”同時用來指牧牛的人和這道牛肉湯。

嚴格說起來，“Goulash”既不是湯、但也不是燴的菜餚。它介於湯和燴之間。但匈牙利人將“Goulash”歸類為湯，指的是一道燉的牛肉湯，也就是「牛仔的湯」。我們稱為匈牙利牛肉湯（Goulash Soup）。

匈牙利牛肉湯源自田野，其目的是便於牛仔們填飽肚子，但又不能耽擱到手邊的工作，因此湯的做法自然不會太講究，很自然的發展出多種不同的製作方式，同時也各有其支持者。但不論作法為何，其共通點就是一定要有很多的牛肉和馬鈴薯；同時這道湯是以洋蔥和匈牙利甜椒粉來調味。湯裡面經常還會加入番茄、甜椒等。習慣上不會以麵粉來稠化湯汁。因為匈牙利牛肉湯中會加入相當多的匈牙利甜椒粉，對湯汁會有一定的稠化效果。

匈牙利燴牛肉（Hungarian Goulash）

匈牙利燴牛肉（Hungarian Goulash）是一道舉世熟知、廣受歡迎的燴菜，之所以被稱為“Hungarian Goulash”，因為匈牙利人喜歡在節慶等一些特別的日子，製作 Pörkölt 招待貴賓。所以早年到匈牙利做客的歐洲人，把這道菜帶回自己的國家，把它誤認為是“Goulash”，便稱它為“Hungarian Goulash”。如此一來，Pörkölt 反倒成為世界知名的 Hungarian Goulash。使得“Goulash”這個名詞，在匈牙利指的是牛肉湯，而其他歐美國家，則把它誤認為一道燴菜。

匈牙利燴牛肉源自中世紀歐洲匈牙利地區的牧牛、牧羊或是養豬的人。他們在戶外生火，架起大鐵鍋，將切丁或切片的肉、洋蔥和辛香料（黑胡椒等），以大火炒過，最後再加上少許的水一起煮。隨著十九世紀匈牙利紅椒粉的引進，匈牙利人逐漸以匈牙利紅椒粉取代原本的辛香料。Pörkölt 所用的食材種類並不多，匈牙利紅椒粉對菜餚整體風味有著關鍵性的影響。要烹調出美味的 Pörkölt 的技巧。第一步是先以熱油（豬油）將洋蔥炒上色。隨即加入匈牙利紅椒粉炒香，然後加入肉塊以中大火快炒（這就是“Pörkölni”，「烤或炙燒」的由來）。然後加入水（水量和肉量相當），以小火慢燉。Pörkölt 不會用麵粉來稠化。除了牛肉外，豬肉、小牛肉、家禽等，也常以同樣的方式加以烹調。在台灣則以牛肉較為普遍，所以才有匈牙利燴牛肉之稱。傳統上，匈牙利燴牛肉會搭配上麵食，不過配上水煮的馬鈴薯也相當常見。

燴的品質鑑賞

製作良好、完善燴的菜餚，風味濃郁，肉塊柔軟，幾乎有入口即化的口感，雖然如此，主食材仍應保有其原先的外型。煮液在烹調的過程中，肉汁、香味蔬菜等，都會釋放到煮液中，在燉煮的過程中，逐漸的濃縮，最後就成為風味、口感濃郁的醬汁（Good Flavor and a Full-Bodied Sauce）。

匈牙利牛肉湯（Goulash soup）

材料

牛肩肉（切大丁）	300 克
洋蔥（切碎）	100 克
匈牙利甜椒粉	3 大匙
番茄（切碎）	100 克
牛高湯	1.5 公升
馬鈴薯切大丁	200 克
三色彩椒（切大丁）	100 克

香料包

葛縷子	3 克
月桂葉	2 片
巴西利梗	1 支
蒜頭	2 片

作法

❶將洋蔥以豬油炒上色。加入肉塊、炒至焦黃

❷加入匈牙利甜椒粉。炒約 1 分鐘

❸加入褐高湯，番茄丁及香料包。加熱至小滾後，撈除浮渣，蓋上鍋蓋以小火煮約 2 小時

❹2 小時，加入馬鈴薯，繼續煮直到所有的食材皆熟透

❺馬鈴薯熟後，取出香料包，放入彩椒煮數分鐘，至彩椒熟即可

❻成品

TIPS

1. 牛肉丁、馬鈴薯丁刀工大小應各自均勻，洋蔥切末。
2. 葛縷子應剁碎。
3. 匈牙利紅椒粉需與牛肉丁同炒後才能加入高湯。
4. 烹煮時間要夠，牛肉要熟透，不可有焦味及沾鍋。
5. 香料、食材與湯的比例要適當。
6. 成品湯液應濃稠，色澤淡淡暗紅，味道要有葛縷子與匈牙利紅椒粉香味。
7. 可隨意取酸奶油作盤飾但不可共煮。

匈牙利燴牛肉（Hungarian goulash）

材料

牛腩（切塊）	360 克
洋蔥（切小丁）	100 克
匈牙利紅椒粉	3 大匙
番茄／糊	2 大匙
褐高湯／雞骨肉汁	1 公升
酸奶油	2 大匙
三色彩椒（切大丁）	100 克

香料包

葛縷子	3 克
月桂葉	2 片
巴西利梗	1 支
蒜頭	2 片

作法

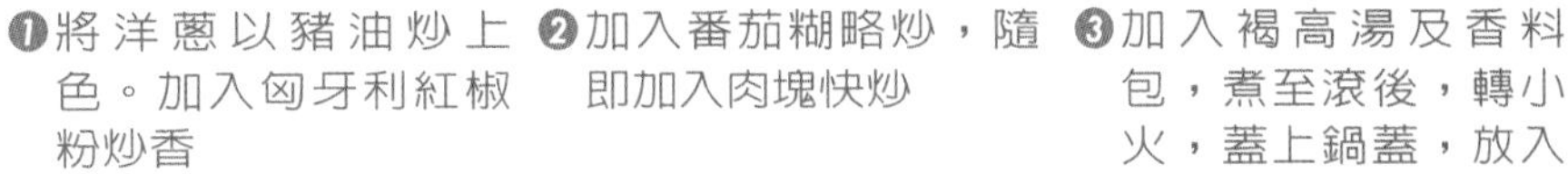

❶將洋蔥以豬油炒上色。加入匈牙利紅椒粉炒香

❷加入番茄糊略炒，隨即加入肉塊快炒

❸加入褐高湯及香料包，煮至滾後，轉小火，蓋上鍋蓋，放入175°C的烤箱中約 1.5 小時

❹牛肉煮至熟透，可輕易的以叉子刺穿

❺將煮液濾出

❻將牛肉取出，將煮液濃縮至所要的稠度後，將牛肉放回到煮液中

❼加入甜椒，約略加熱 3～5 分鐘至甜椒熟即可

❽盤中放上奶油飯，再放上燴牛肉，即完成

1. 牛腩、馬鈴薯刀工大小要一致。
2. 葛縷子要剁碎。
3. 匈牙利紅椒粉需有與牛腩炒的動作。
4. 烹調後牛腩要完整，口感鬆軟有裹覆醬汁之滑潤感。
5. 醬汁要有紅椒粉及葛縷子的味道。
6. 奶油飯要有 Al Dente 口感且香而不膩。

NOTE

早餐（Breakfast）

CHAPTER 15

15.1 早餐的類型

早餐是一天的第一餐。所以英文“Breakfast”這個字有中止或打破（Break）漫漫長夜的飢餓（Fast）的意思。英國人（包括美國人和加拿大人）喜歡在早上享用豐盛的早餐；法國人的早餐則簡單許多。因為法國人認為，簡約的早餐可以讓他們對午餐充滿期待。這種簡單的早餐，在其他的歐洲國家也相當普遍。義大利人往往早餐只喝一杯濃縮咖啡。德國、瑞士等國就是咖啡、麵包、果醬之類。

基本上早餐供應的是一些特定類型的食物，不過已經有不少餐廳的早餐菜色是全天供應。

對不同國家的人而言，早餐內容有相當的差異，然而以國際通用的分類，早餐區分成英式早餐（俗稱的美式早餐）及歐陸早餐兩大類。

歐陸早餐（The Continental Breakfast）

熱的飲料

咖啡、茶、熱可可、牛奶。

麵包

麵包種類有區域上的差異。常見的有土司、牛角麵包、丹麥麵包等。

奶油 / 果醬

用來塗抹麵包。

其他

歐陸早餐中，也有一些額外的食物，如果汁、蛋、乳酪等，這些多半必須額外的付錢。

美式早餐（American Breakfast）

熱的飲料

咖啡、茶、熱可可、牛奶。

麵包

麵包種類有區域上的差異。常見的有土司、牛角麵包、丹麥麵包等。

奶油 / 果醬

用來塗抹麵包。

新鮮水果

葡萄柚、蘋果、梨子、香蕉、葡萄。

果汁

柳橙汁、葡萄柚汁、番茄汁等。

燉水果（乾）

梅乾、杏桃乾、西洋梨等。

早餐穀類（Cereal）

熱的燕麥粥、或是搭配牛奶冰冷食用的麥片、玉米片等。

蛋類

煎蛋、炒蛋、低溫水煮蛋、法式蛋卷等，通常還會搭配上培根、火腿、早餐香腸等。

乳類製品

優格（Yogurt）、鄉村乳酪（Cottage Cheese）等。

自助式早餐（Breakfast Buffet）及自助式早午餐（Brunch）

美式早餐又延伸出所謂的自助式早餐（Breakfast Buffet）及自助早午餐（Brunch）。基本上自助式早餐只是美式早餐的改良版，因為改採自助式可節省人力及供餐的時間。因此菜色上和傳統英式早餐相似。最大的差異是傳統英式早餐會分道次上菜。而自助式則是客人必須自已去拿取所要食用的食物，但熱的飲料部分則多半仍由服務生供應。自助式早餐和一般自助餐供餐方式相同，熱菜於保溫鍋中保溫。水果、冷飲之類的冷食，則需保持冰冷。

所謂的「自助式早午餐」是同時包含美式早餐及午餐菜色的自助餐。自助早午餐是美式自助式早餐的一種延伸，菜色內容更為豐富，除了早餐的菜色外，通常還會有沙拉、湯、燻魚、甜點等。

15.2　蛋的烹調及其原理

說到西式早餐，很自然的就會讓人聯想到蛋（國人深受美國文化的影響），包括煎蛋、炒蛋、水煮蛋、低溫水煮蛋、法式恩利蛋等，蛋除了有多種不同的方式烹調外，還相當的美味，不論是甜、鹹、冷、熱、軟、硬等口味或質地各有其特色；此外，蛋便宜卻相當的營養。

生鮮的蛋呈液體狀，當蛋受熱達到凝結溫度時，蛋就由半液體狀態逐漸稠化，最後轉變成固態。隨著溫度的持續上升，蛋的水份會快速蒸散，蛋就愈來愈硬，烹煮過度後，蛋吃起來就像咬橡皮一樣（如阿婆鐵蛋）。所以長時間的以大火來炒蛋，最後會讓蛋變得乾澀硬實。因此在西式料理上，蛋及其菜餚烹調的關鍵就是「避免過度的烹調」因此蛋在烹調時應避免大火，且不宜長時間的烹調。

然而法式恩利蛋（Omelets）在製備時則必須用較強的火力，蛋液倒入鍋中後，會快速的以叉子或耐熱橡皮刮刀拌攪並搖晃鍋子，讓蛋在還沒有機會變硬前就已煮熟。

15.3　早餐蛋的相關食譜

炒蛋（Scrambled Egg/Oeufs Brouilles）

炒蛋是早餐中最受歡迎的品項之一。基本上炒蛋相當的簡單——蛋和胡椒、鹽。雖然如此，炒蛋只要烹調得當都相當的美味。炒蛋中會因主廚或客人的喜好加入或不加入牛奶或動物性鮮奶油。但不論是否加入牛奶或鮮奶油，炒蛋的質地一定要柔軟濕滑。通常我們會先將蛋打到打蛋盆內，然後以打蛋器將蛋白和蛋黃打勻（不可用鋁製品，因為會使蛋變成灰色），然後會以篩網過篩（避免有碎蛋殼）。炒蛋多以中小火來炒。蛋入鍋後就必須不停的攪拌，直到烹煮至所要的熟度。炒蛋絕不能上色，同時蛋必須要完全的凝結，但其質地及外觀上仍要相當的濕潤、濃稠，不具流動性。也就是必須仍然要結成濕潤、濃稠的糰狀，不可分開成塊狀。只有在客人的要求下才能夠將蛋炒到乾硬。

炒蛋的基本步驟

1. 將蛋打入打蛋盆中，以打蛋器混合均勻後，以篩網過篩。
2. 以胡椒、鹽調味。依喜好倒入少許的鮮奶油。
3. 炒鍋熱後加入澄清奶油，倒入蛋液，以小火來加以烹調。以木匙或耐熱橡皮刮刀溫和攪拌，直到蛋完全凝結。
4. 依配方或各人喜好，可在炒蛋接近完成時拌入配料，來增進炒蛋的風味。
5. 蛋炒至完全凝結（但質地仍需濕潤柔嫩）後離火，即刻裝盤上桌。

炒蛋附脆培根及番茄
（Scrambled Egg With Crispy Bacon and Tomato）

材料

蛋	3 顆	培根	4 片
鮮奶油	20 克	小番茄	6 粒
鹽、白胡椒	適量		

作法

❶將蛋先打入小碗中，確認蛋沒有壞掉，再倒入鋼盆中

❷將蛋打勻，拌入少許鮮奶油，並以鹽、胡椒調味

❸熱鍋、熱油後，將爐火調至中小火，倒入蛋液

❹將鍋底已凝結的蛋液翻起，讓上面的蛋液流下接觸鍋底，儘可能讓蛋均勻的受熱，但避免過度讓蛋過碎

❺蛋幾乎完全凝結，但表面仍濕潤、光亮，離火

❻鍋熱後，加入澄清奶油，倒入番茄略炒，以鹽、胡椒調味。起鍋備用

❼鍋中加少許油，放入培根以小火煎。也可以明火烤箱烤上色

❽成品

TIPS

注意蛋液中是否有無蛋殼，蛋黃及蛋白是否打勻，在炒蛋過程用火之大小，炒好後蛋的組織是否會太乾。

炒蛋附炒洋菇片（Scrambled egg with sauteed sliced mushroom）

材料

蛋	3 顆
鮮奶油	20 克
鹽、白胡椒	適量
洋菇片	300 克
紅蔥頭碎	25 克

作法

❶炒蛋的步驟，請參考炒蛋附培根及番茄，步驟 1~5

❷將紅蔥頭以奶油炒香後，倒入洋菇片炒到洋菇熟

❸成品

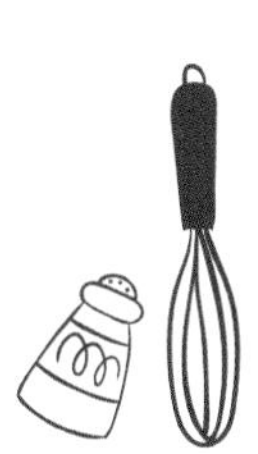

蛋卷（Omelets）

蛋卷有多種類型。捲摺的蛋卷是法國典型的蛋卷類型；而扁平的蛋卷則是世界性的類型（雖然在烹調上有所差異），在義大利及地中海地區稱為“frittata”，西班牙、墨西哥稱之為“Tortilla”。

捲折式蛋卷（Folded Omelette）

最為人所熟知外觀呈橢圓的蛋卷，又稱法式蛋卷。美式的捲折蛋卷方式是直接將蛋對折呈半月形。

扁平式蛋卷（Flat Omelette）

有多種名稱包括農夫式蛋卷（Farmer-Style Omelette）、義大利蛋卷（Frittatas）西班牙蛋卷（Tortillas），這類蛋卷經常會在烤箱中完成烹調。

法式蛋卷（Omelets）

法式蛋卷可被視為是製作技巧較為繁複的炒蛋（Scrambled Eggs）。基本上是將炒蛋包捲成型。製作法式蛋卷的前半段和炒蛋相類似，一直到了後半段才有差異。炒蛋只將蛋炒至凝結、濕潤的蛋糰；但法式蛋卷則會進一步將其整型成具美觀的外型——橢圓柱狀（仍保有炒蛋柔嫩細緻的質地）。所以法式蛋卷又有捲折式蛋卷（Folded Omelette）之稱。蛋卷中可加入內餡，來讓蛋卷看起來更豐富。

比外，法式蛋卷的蛋液中是否要加入鮮奶油，這是見人見智的問題。有些廚師認為鮮奶油可以讓法式蛋卷吃起來更香濃；有些則認為加入些許的水可以讓其口味清淡些；有些則認為純粹的蛋就已經足夠美味可口，什麼都不需要加。在台灣，我們習慣上都會加入些許的鮮奶油。

鍋具

早餐蛋卷中，以法式蛋卷的製作技巧最難，需要時間及練習。除了技巧外，法式蛋卷的成功與否還取決於鍋具——不能有沾黏的情形。

煎法式蛋卷的鍋具，傳統上是以藍鋼（Blue Steel）或碳鋼（Carbon Steel）為材質，保養不當，相當容易生鏽，若沒經熱油鍋處理，仍然會沾黏食物。為了確保鍋子油膜的完整，這類的鍋具通常不能以清潔劑清洗。通常只能以粗鹽和紙巾擦拭。鐵氟龍（Teflon）不沾鍋沒有熱油鍋、生鏽的困擾，也不會因烹煮其他食物而破壞表面油膜。但鐵氟龍表面容易被金屬等尖端的器具刮傷。通常鐵氟龍鍋只能使用木匙、耐熱橡皮刮刀等做為烹調的器具。

法式蛋卷製作的基本步驟

1. 在打蛋盆或碗之類的容器中打入 3 顆蛋，有些人同時會加入少許的鮮奶油，以叉子或打蛋器等拌勻，並以鹽、胡椒調味。
2. 以中大火熱鍋，鍋熱後加入約一小匙的油脂，繼續加熱，直到油熱。
3. 將蛋液倒入到熱鍋中，一手握住鍋子把，前後的來回搖動。同時用另一手以耐熱橡皮刮刀（傳統上是以叉子的背面來攪拌），以快速的劃圓圈的方式攪拌，直到約 3/4 的蛋液凝結，即刻停止攪拌。
4. 略微將蛋/蛋液抹平（均勻分布於鍋面），再加熱數十秒鐘，如有餡料，須在此階段加入。
5. 將鍋柄略微抬高，以叉子或耐熱橡皮刮刀，將鍋柄端的蛋皮往中央捲折。此時蛋略呈半月型。
6. 將蛋卷倒到盤子上（倒進去時，盤子於鍋子下方，傾斜約 30 度），會讓蛋卷呈橢圓外觀

- **火腿乳酪恩利蛋（Ham and Cheese Omelette）**

料理方式與煎恩利蛋（Plain Omelette）相近似。同樣都是以中火熱鍋、熱油，油熱後將爐火調至小火，然後倒入蛋液。快速攪拌，讓蛋液不斷的往下流接觸鍋底，蛋液約 3/4 凝結，停止攪拌。然而在靜置 15～20 秒的這段時間，加入餡料（火腿與乳酪）。蛋液幾乎完全凝結時，開始捲蛋卷並將餡料完全包覆其中。

煎恩利蛋（Plain omelette）

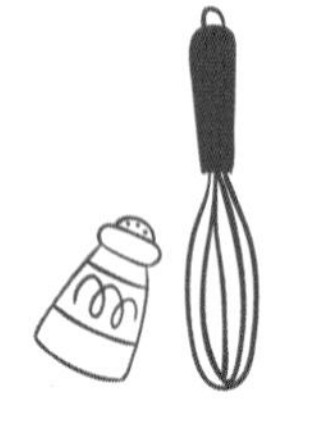

材料

蛋	3 顆
鮮奶油	20 克
鹽、白胡椒	適量

作法

❶以中火熱鍋、熱油，油熱後將爐火調至小火，倒入蛋液

❷快速攪拌，讓蛋液不斷的往下流接觸鍋底，蛋液約 3/4 凝結，停止攪拌

❸靜置 15～20 秒，讓蛋液幾乎完全凝結

❹以手心朝上的方式握住鍋的把手，將鍋把舉起。並將蛋往反把手的方向摺起，略微的將蛋往鍋緣推

❺鍋子和盤子皆呈角度倒出

❻成品

火腿乳酪恩利蛋（Ham and Cheese Omelette）

材料

蛋	3 顆	火腿絲	1 大匙
鮮奶油	20 克	乳酪絲	1 大匙
鹽、白胡椒	適量		

作法

❶前半段的步驟請參考，煎恩利蛋步驟 1~3。當蛋液約 3/4 完全凝結，靜置並開始加入餡料

❷當蛋液幾乎完全凝結，將蛋卷起並將餡料完全包覆住

❸將鍋把舉起，略微的將蛋往鍋緣推

❹鍋子和盤子皆呈角度倒出

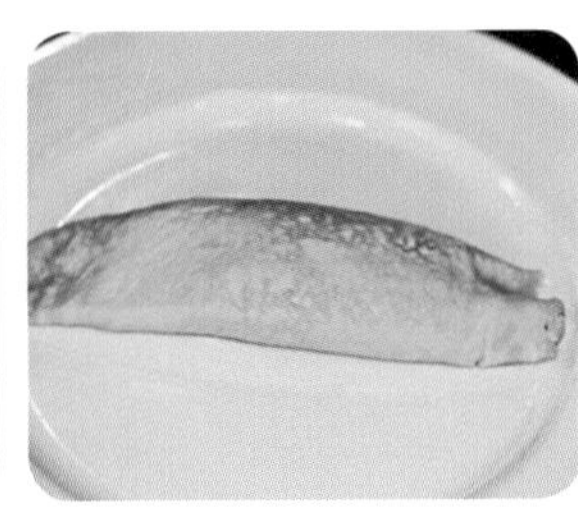

❺成品

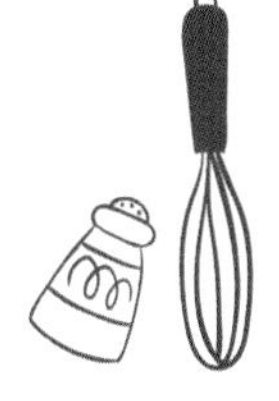

扁平式蛋卷（Flat Omelette; Omeletes Plates）

扁平式蛋卷通常所用的蛋量會略少於法式蛋卷。扁平式蛋卷通常加熱烹調的時間較長，在加熱烹調到一半時，通常會連鍋子一起進烤箱，完成最後的烹調動作。成品看起來像厚實的美式煎餅。對扁平式蛋卷而言，蛋主要是扮演黏合的角色，將其中豐富多樣的餡料給結合在一起。

扁平式蛋卷製作的基本步驟

1. 先將餡料炒至半熟，然後直接將蛋液倒入於鍋中，略微拌炒。
2. 約略 3/4 的蛋液凝結後，放進烤箱或明火烤爐，直到完全凝結。

西班牙蛋餅（Spanish Omelet）與義大利蛋餅（Frittata）

西班牙蛋餅的類型相當多，其中以“Tortilla Espanola”最為普遍，有西班牙蛋餅之稱。作法非常簡單，基本的配方是把切片的馬鈴薯和洋蔥以橄欖油炒熟後加入蛋液，因為其中有相當多量的馬鈴薯，所以又有“Potato Omelet”之稱。有時會依喜好加入乳酪、西班牙香腸、培根、青椒等。西班牙蛋餅通常很厚實，傳統上直接在爐上完成，所以是以小火長時間的慢慢煎熟。

另外，與西班牙蛋餅外觀上近似的義大利蛋餅（Frittata），常見的食材包括乳酪、肉類、甜椒、節瓜、洋蔥、火腿丁、馬鈴薯、番茄、黑橄欖等。目前西餐丙檢中西班牙蛋餅的食材、切法及製作方式來看，應該是屬義大利蛋餅較為恰當。

西班牙蛋餅（Spanish Omelet）

材料

蛋	3 顆
洋蔥丁	30 克
馬鈴薯片	50 克
橄欖油	2 大匙
鹽、白胡椒	適量

作法

❶以橄欖油將洋蔥炒至些許的透明。然後加入馬鈴薯炒，直到馬鈴薯熟透後，倒入蛋液

❷以小火加熱，蛋液接近完全凝固後以鍋蓋來翻面。先蓋上鍋蓋，直接將煎鍋倒扣，將蛋餅扣在鍋蓋上

❸蛋餅推回煎鍋，繼續以小火煎到熟透

❹成品

義大利蛋餅（Frittata）

材料

材料	份量
蛋	3顆
洋蔥（中丁）	120克
馬鈴薯（中丁、煮熟）	120克
火腿（中丁）	60克
青椒（中丁）	50克
黃椒（中丁）	50克
紅椒（中丁）	50克
黑橄欖	60克
橄欖油	2大匙
鹽、白胡椒	適量

作法

❶熱鍋、熱油後，倒入餡料炒至半熟後，倒入蛋液

❷略微拌炒後，靜置於爐上直到鍋緣的蛋開始凝結，放入175°C的烤箱中

❸烤至蛋餅表面呈金黃色後取出即可

帶殼水煮蛋（Eggs Cooked in the Shell）

帶殼水煮蛋是最簡易的蛋的烹調法之一。僅僅是把蛋放進滾水，水的量以蓋過蛋為原則。帶殼水煮蛋煮的時候將水保持在小滾的狀態，依煮的時間長段，分成：

- 帶殼半熟水煮蛋（Soft-cooked Egg）約需 4～5 分鐘。
- 八分熟帶殼半熟水煮蛋（Medium-cooked Eggs）約需 7～8 分鐘。
- 帶殼全熟水煮蛋（Hard-cooked Egg）約需 10～12 分鐘。

帶殼水煮蛋製作的基本步驟

1. 蛋自冰箱取出，至少回溫 30 分鐘，新鮮的蛋煮熟後不易剝殼，因此蛋不需太新鮮。
2. 將蛋放入滾水中，調整爐火使其保持小滾狀態。

   依煮的時間蛋分成：

   - 半熟水煮蛋（Soft-cooked Eggs），蛋白要完全的凝結，但仍然相當的軟嫩，蛋黃則呈半凝結狀。
   - 八分熟水煮蛋（Medium-cooked Eggs）。
   - 全熟水煮蛋（Hard-cooked Eggs），蛋白完全、堅實的凝結。蛋黃則略微乾澀，易碎裂。

   所需的時間會依蛋的大小、蛋本身的溫度、所用的水量等影響。
3. 取出後即刻沖水冷卻，避免於蛋白、蛋黃接觸面生成綠色的硫化鐵。

帶殼水煮蛋（Eggs Cooked in the Shell）

材料

蛋 ……………………… 3顆

鹽 ……………………… 少許

作法

冷水中加入鹽，放入蛋，加熱到滾。水滾後開始計時，依所需的熟度，於不同時間將蛋取出，並放入冷水中迅速冷卻

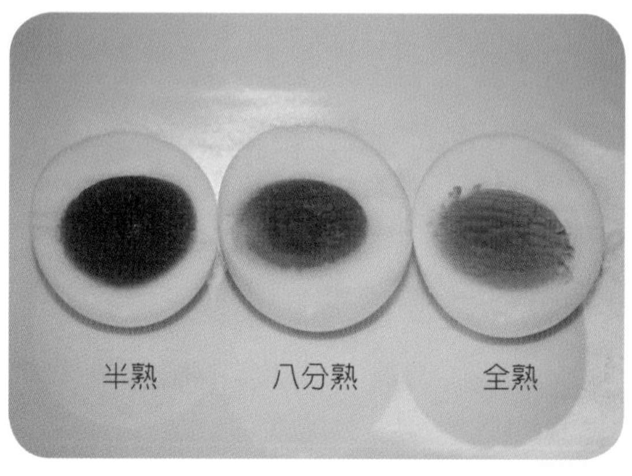

從左至右分別為：

· 帶殼半熟水煮蛋（4~5分鐘）

· 八分熟帶殼半熟水煮蛋（7~8分鐘）

· 帶殼全熟水煮蛋（10~12分鐘）

15.4 其他

除了蛋，麵包是另一樣早餐中重要的項目。選擇歐陸早餐的顧客，往往只有咖啡及麵包。因此麵包的重要性絕對不在蛋之下。不過大多數的餐飲業者，麵包經常都是採買現成的，很少是當天自行烘烤的。常見的早餐麵包包括牛角麵包、丹麥麵包、甜甜圈、餐包、英式馬芬、馬芬、培果。

通常只有三種早餐麵包被歸類成現做的麵包：法國土司、美式煎餅和鬆餅。雖然美式煎餅和鬆餅都不被視為麵包，但在烘焙上，美式煎餅、鬆餅、馬芬等被歸類為快速麵包（Quick Bread），它們經常藉由化學膨大劑（如發粉），省去醱酵的等待時間，可於短時間內製作的麵包或糕點。

美式煎餅（Pancakes）和鬆餅（Waffles）

美式煎餅和鬆餅都是以麵糊來製作，通常是客人點後才製作，趁熱食用。二者所用到的食材有：麵粉、油脂或溶化的奶油、蛋、牛奶等其他液體、鹽、發粉（Baking Powder）。

改變這些食材的比率，對成品的口感會有一定的影響。鬆餅的配方中含有較高比例的油脂（奶油），所用的液體量較少，所以麵糊較黏稠，加上鬆餅的麵糊中，通常都會於烘烤前拌入打發的蛋白，讓鬆餅口感比較膨鬆，美式煎餅則較有像蛋糕一樣較紮實的口感。

鬆餅和美式煎餅上桌時會附上奶油、蜂蜜或糖漿（楓糖漿、混合的楓糖漿等），台灣經常會附巧克力淋漿。此外，有時還會配上打發的鮮奶油、果醬、新鮮水果（特別是草莓及藍莓）等。

鬆餅製作的基本步驟

1. 麵粉、糖、鹽、發粉，混合後過篩兩次，倒入打蛋盆中。
2. 將蛋白、蛋黃分開。取另一打蛋盆，將蛋黃、牛奶及溶化的奶油混合。並將混合液倒入到粉中，攪拌均勻即可（不可過度攪拌），麵糊看起來會有顆粒感覺。放進冰箱鬆弛約 30 分鐘。
3. 預熱鬆餅機。將蛋白打至濕性發泡。並分兩次拌入到麵糊中。

4. 將鬆餅麵糊倒入鬆餅機中，加熱到金黃色。

美式煎餅製作的基本步驟

1. 麵粉、糖、鹽、發粉、Baking Soda，混合後過篩兩次。倒入打蛋盆中。
2. 取另一打蛋盆，將蛋、牛奶及融化的奶油混合。並將混合液倒入粉中，攪拌均勻即可（不可過度攪拌）。放進冰箱可達 12 小時。
3. 將一杓麵糊緩緩倒入平底鍋中，自然會流成圓形，煎至表面出現孔洞即翻面。
4. 兩面煎至金黃即可，上桌時可附上糖漿、奶油等。

- **美式煎餅（Pancake）**

煎餅是麵包的一種。不同地域會發展出特有的煎餅。美式煎餅源自蘇格蘭煎餅（Scotch Pancake）。它是把麵粉、牛奶、蛋、膨鬆劑（蘇打粉）攪拌成濃稠的麵糊。還會加入糖及辛香料（肉桂粉、肉豆蔻粉、香草精等）。然後將調好的麵糊倒在熱的煎鍋上。形成圓型的煎餅。煎餅的厚度約為 0.5～0.8 公分之間。美式煎餅通常會在早餐食用。食用時可以在煎餅淋上糖漿、蜂蜜等。美式煎餅上也經常會放有奶油、果醬、水果等。

- **煎法國土司（French Toast）**

沒有人知道「法國」土司是否源自法國。事實它很可能是中世紀的歐洲人把放了幾天的麵包再利用所想出的方法。在歐洲許多地區都有相似的處理方式。

在英國法國土司被稱為「貧窮的溫莎爵士（Poor Knights of Windsor）」；在法國則稱為「不要的麵包（Pain Perdu）」。因為法國土司是一種將放 1～2 天乾硬的麵包，重新讓它變得美味可口的方法。

法國土司是將麵包沾牛奶、蛋、糖、肉桂粉等的混合液，除了土司外，法國土司可用各種的麵包來製作。法國土司上桌時會灑上糖粉，和美式煎餅一樣，經常會配上糖漿（蜂蜜、楓糖）、糖粉或水果等。

美式煎餅（Pancake）

材料

麵粉	250 克	肉桂粉	少許
蘇打粉	15 克	豆蔻粉	少許
牛奶	300 克	香草精	少許
蛋	3 顆	蜂蜜	50 克
糖	50 克	奶油	50 克

作法

❶將乾性食材及濕性食材分別混合。將混合好的乾性食材置於打蛋盆中，倒入濕性食材

❷以打蛋器攪拌，直到形成均勻的麵糊

❸鍋熱後，刷上少許的澄清奶油

❹倒入 60 克的麵糊，麵糊會自然的擴散開來

❺待麵糊表面出現許多孔洞即可翻面，兩面煎成焦黃色即可

❻成品

煎法國土司（French Toast）

材 料

白土司麵包（對角切半）……6 片
雞蛋……2 粒
牛奶……200 克
香草精……5 克
白砂糖……20 克
奶油……20 克
肉桂粉……少許
蜂蜜……30 克
糖粉……少許

作 法

❶將雞蛋、牛奶、香草精、砂糖放進打蛋盆中，以打蛋器拌勻

❷將土司浸泡於蛋液中約15秒後，放入鍋中，以奶油煎至兩面金黃

❸取出後置於吸油紙上吸油

❹均勻的灑上糖粉，搭配蜂蜜

CHAPTER 16 三明治的介紹及製作

16.1　三明治的組成

「三明治（Sandwich）」這個名詞用在餐飲上的歷史並不算長。三明治名詞的由來，據說來自十八世紀英國貴族約翰．孟塔古。孟塔古伯爵是英國三明治鎮（Sandwich）的第四任伯爵。據說孟塔古伯爵喜歡玩橋牌，常常玩得廢寢忘食。有一次伯爵實在餓得受不了，在排桌上手氣很順，又不想放下手上的牌去吃飯，突發奇想的就命隨從把餐桌上的肉切一切，拿兩片麵包連著菜一起夾著讓他吃，這樣他就可以一邊玩一邊吃，而且不會把手弄髒。因為孟塔古伯爵是三明治鎮的伯爵，其他的人就開始點和 Sandwich 一樣的餐點。三明治就此開始流行起來。三明治（Sandwich）也成為大家統一慣用的名稱。

麵包（Bread）

幾乎所有的麵包都可以用來製作三明治。然而土司和全麥土司，由於其質地較為緊密細緻、風味清淡，可以搭配各種不同風味的內餡。因此是最常被用來做為三明治的麵包。

塗醬（Spread）

大多數的三明治都會在麵包上抹一層塗醬。可以讓麵包和內容物阻隔開來，避免所包覆內餡中的水份滲到麵包中，使麵包變得濕軟；同時塗醬可讓三明治吃起來有濕潤的口感。常見的塗醬包括奶油、美乃滋等。

內餡（Fillings）

三明治所包夾的內餡是三明治的核心、焦點所在。因此在烹調、製作上，必須要相當的注意，要合乎基本的烹調原則。

- 肉類及家禽類。
- 魚及殼類海鮮：常見的包括有煙燻鮭魚、鮪魚、鱈魚。
- 乳酪。
- 混合沙拉：常見的包括有鮪魚沙拉、火腿沙拉、雞蛋沙拉等。

配料（Garnish）

西生菜葉片、切片的番茄、切片的洋蔥、培根、乳酪片等，都是在三明治中常見的配菜。

16.2 三明治的種類

三明治的分類，最簡單的方式是依其呈現的方式來區別。

熱三明治（Hot Sandwiches）

熱三明治（Hot Sandwich）指的是包夾熱的內餡或是將做好的三明治在爐上或是碳烤爐上煎或燒烤到熱。

- 煎火腿乳酪三明治（Griddle Ham and Cheese Sandwich）。
- 薄片牛排三明治（Minute Steak Sandwich）。

冷三明治（Cold Sandwiches）

- 總匯三明治（Club Sandwich）
- 培根、萵苣、番茄三明治（Bacon 、Lettuce and Tomato Aandwich-es）

普通冷三明治

由兩片麵包或切開來的餐包（Roll）、抹醬和內餡所組成的三明治稱之。大部分的三明治都屬這類型。這類的三明治可以從簡單的兩片麵包夾片乳酪、肉片、火腿等，也可複雜到如潛艇堡般的以義大利麵包，包夾如乳酪、多種不同的火腿、西式臘腸、醃肉、生菜等。培根、萵苣、番茄三明治（BLT Sandwiches）是典型的代表。

多層三明治

以兩片以上麵包所製作的三明治，每一層會有不同的內餡。Club Sandwiches 是三片麵包的三明治為其典型的代表。

下午茶三明治（Tea Sandwich）

通常小而精緻，內餡配料較為清淡細緻（與宴會三明治相同）。通常麵包的外皮部分會被切除，如鮪魚三明治。

- 鮪魚沙拉三明治（Tuna Fish Salad Sandwich）

16.3　三明治的製作

三明治在製作及技巧上並不複雜，但製作上牽涉到多樣食材的組合，需要較多的手工。為了讓工作有效率，所有的食材必須事先清洗、分切、準備好。而且三明治通常製作完成後不再加熱，所以保持良好的個人衛生相當的重要。工作前一定要將手徹底洗乾淨，戴上衛生手套後才能觸摸食材。食材要覆蓋並保持冰冷，避免長時間暴露於危險溫度下。

- **煎火腿乳酪三明治（Griddle Ham and Cheese Sandwich）**

法文稱為“Croque-Monsieur”。是一種古典的法式三明治，幾乎在法國各地都有它的蹤跡。Croque 意味著“Crunchy”，也就是咀嚼時會嘎吱作響。其中所用的乳酪習慣上是 Emmental 或 Gruyère 乳酪。

- **薄片牛排三明治（Minute Steak Sandwich）**

“Minute”指的是「小的」意思。所以“Minute Steak”指的是不帶骨的薄片牛排。經常會以拍打或以刀劃過的方式來讓肉質嫩化。牛排的厚度約在 0.5 公分左右，所以薄片牛排烹調所需的時間很短，通常以大火快速的將牛肉煎上色即可（每面約煎 1 分鐘）。

- **總匯三明治（Club Sandwich）**

總匯三明治（Club Sandwich）又稱 Cubhouse Sandwich ，據說總匯三明治最早出現於十九世紀美國紐約 Saratoga Springs 的賭場俱樂部，為廚師 Danny Mears 所創。總匯三明治為三層的三明治，也就是以三片烤過的麵包來包夾兩層內餡。所用的食材包括有雞胸肉、培根、西生菜、番茄和美乃滋。其組合方式則是：一層為雞胸肉或火雞胸肉；另一層則為培根、西生菜和番茄。抹醬則為美乃滋。通常組合完成的總匯三明治，會以雞尾酒竹籤來固定四個角，然後分切成四小塊後才裝盤上桌。

- **培根、萵苣、番茄三明治（Bacon、Lettuce and Tomato Aandwiches）**

這是我們俗稱的「BLT 三明治」，這是因為："B"代表培根（Bacon）；"L"代表西生菜（Lettuce）；"T"代表番茄（Tomato）。

BLT 三明治在北美相當普遍，隨著美國被帶到世界的各個角落。傳統上，BLT 三明治以兩片烤過的麵包來包覆培根、西生菜和番茄。其中培根通常會被煎得酥脆；生菜除了西生菜外，有時會以蘿蔓生菜（Romaine）取代，番茄則會切片，美乃滋則為其抹醬。

- **鮪魚沙拉三明治（Tuna Fish Salad Sandwich）**

基本上鮪魚沙拉三明治是以土司麵包來包夾鮪魚沙拉。鮪魚沙拉是另一項標準的美式食物。早在殖民地年代，歐洲移民也把一些飲食帶進到美洲。當時美乃滋類的沙拉相當流行（包括龍蝦、雞肉沙拉等）。一直到二十世紀初，鮪魚罐頭在美國市場的出現，便開始有人以罐頭的鮪魚取代雞肉。鮪魚沙拉便逐漸的流行起來。最早的鮪魚沙拉中，經常會加入水煮蛋。

鮪魚沙拉三明治由於製作上相當快迅便利，又便於攜帶。內容包括蛋白質（魚肉）、蔬菜、麵包等。營養還算均衡，因此很受美國的上班族歡迎，經常被作為午餐食用。而鮪魚沙拉三明治口味清淡、細緻，也非常適合作下午茶三明治。所以本章是以下午茶三明治的形式，來介紹這道三明治的製作。

煎火腿乳酪三明治（Griddle Ham and Cheese Sandwich）

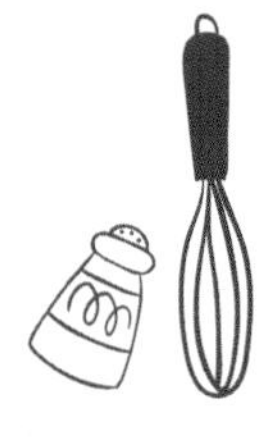

材料

土司麵包……4片
瑞士格利亞乳酪……2片
火腿片……4片
奶油……30克

作法

❶三明治以乳酪夾火腿的方式組合

❷三明治的外層塗上奶油

❸平底鍋熱後，將三明治放到熱鍋中，直到呈焦黃色才翻面

❹兩面煎焦黃色後取出

❺斜對角切開後擺盤

❻成品

薄片牛排三明治（Minute Steak Sandwich）

材料

土司麵包	4片	洋蔥	1顆
牛排	2片	番茄	1顆
梅林辣醬油	15克	西生菜葉	4片

作法

❶煎牛排前，先將三明治之麵包烤好、蔬菜部分處理並組合完畢。牛排下鍋前要先擦乾，並以鹽、胡椒調味。煎鍋燒熱後才可將牛排下鍋。以大火快速的煎上色

❷直接將煎好的牛排置於土司上

❸以 Woreshire Sauce 去渣。（紅酒、褐高湯亦可）

❹將去渣的液體淋在牛排上即完成

總匯三明治（Club Sandwich）

材料

土司麵包	6片	培根	4片
燙熟的雞胸肉	1片	西生菜葉	4片
番茄	1粒	美乃滋	50克

作法

❶將番茄切約 0.8 公分的薄片

❷土司於明火烤爐下烤上色

❸雞胸肉對開，再以 45 度角斜切成片狀

❹培根放入鍋中煎上色
❺土司上均勻的塗上美乃滋

❻第一層放上雞胸肉，蓋上一片土司，土司的另一面再塗上美乃滋

❼第二層依序放上西生菜、番茄、培根，再蓋上土司

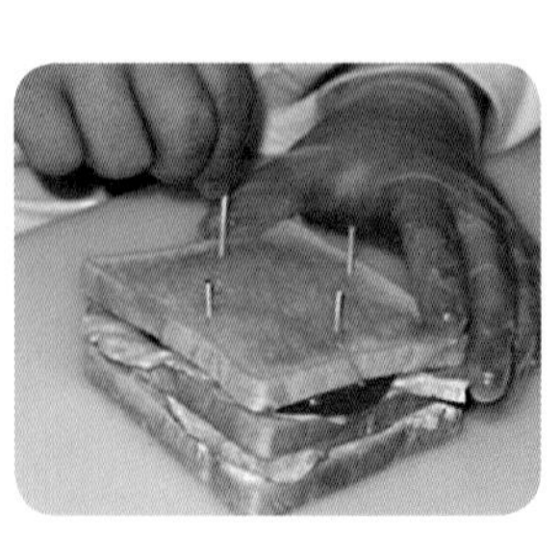

❽在三明治四邊的中央處刺進一根牙籤來固定

❾將三明治從斜對角切兩刀，分切成四塊

❿成品

培根、萵苣、番茄三明治（Bacon、Lettuce and Tomato Aandwiches）

材料

土司麵包	6 片	西生菜葉	4 片
番茄	1 顆	美乃滋	50 克
培根	4 片		

作法

❶在四片烤好的土司上塗美乃滋

❷依序放上西生菜、番茄片、及煎好的培根。蓋上另一片土司

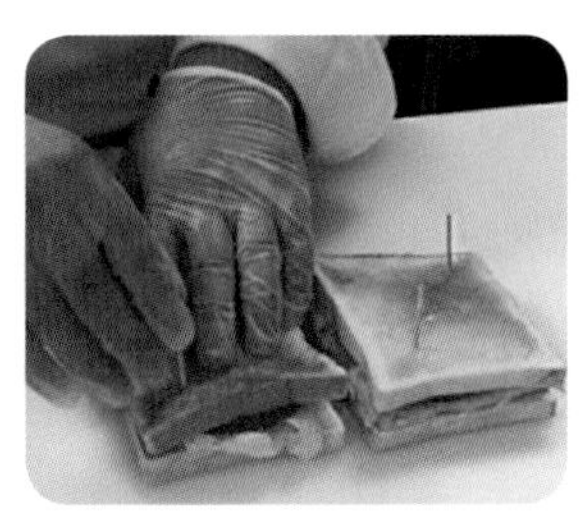

❸在三明治的兩個對角以牙籤固定

❹斜對角切開，分切成兩塊

❺成品

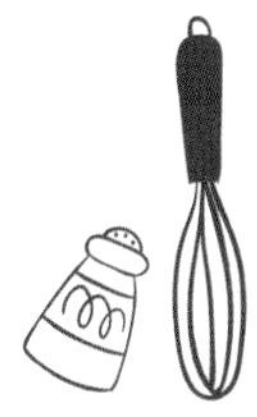

鮪魚沙拉三明治（Tuna Fish Salad Sandwich）

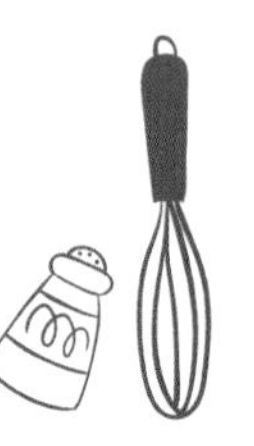

材料

土司麵包	4 片	酸黃瓜（切碎）	20 克
罐頭鮪魚濾乾	1 罐	西芹（切碎）	60 克
洋蔥切碎	60 克	美乃滋	100 克

作法

❶將鮪魚濾乾，與洋蔥碎、西芹碎、酸黃瓜碎、美乃滋拌勻，以鹽及胡椒調味

❷土司不必烤，直接將拌好的鮪魚沙拉均勻塗抹於土司上，蓋上另一片土司

❸將吐司去邊

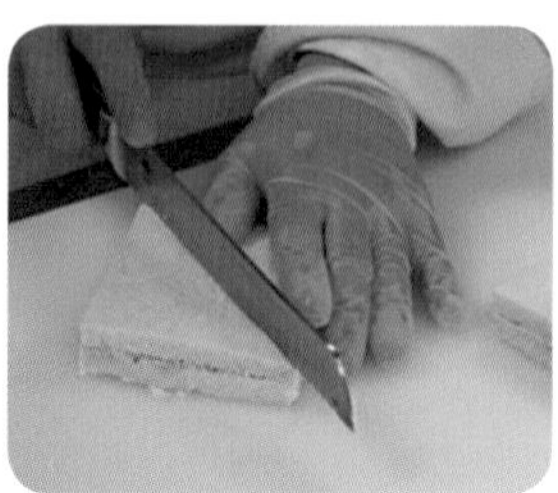

❹斜對角切成兩半

❺成品

CHAPTER 17 沙拉及沙拉醬（Salads and Salad Dressings）

17.1 沙拉的認識

根據 Larousse Gastronomique ，沙拉是一種以生或熟的食材，通常會拌合醬汁，經調味而成的菜餚，也就是說沙拉可用的食材包羅萬象，包括各種的蔬菜、穀類、豆類、麵類、肉類、家禽、魚類等，沙拉可說擁有無限多種的組合，因此沙拉種類的變化極大。可以是簡單配菜用的生菜沙拉，由一種或是數種生菜組合而成，也可以作為主菜，複雜且豐盛的組合式沙拉，可用肉、海鮮、家禽等，搭配上蔬菜、穀類、麵等。沙拉讓廚師有很大的創作空間可以發揮。雖然如此也不能天馬行空的亂搭配，沙拉各項食材間講求風味、顏色、口感上之均衡及和諧，否則不一定可以為客人所接受。古典的法國料理中，沙拉通常是用來作為開胃菜（Appetizer），但有時於正式的餐宴上，沙拉會緊接在豐盛的主菜後上菜，目的是要去除口腔中主菜留下的濃厚氣味，讓味蕾休息，準備迎接甜點的到來。這種沙拉通常是以萵苣（Lettuce）類蔬菜的組合，搭配上簡單的油醋醬汁（Vinaigrette）。

沙拉的發展

西方人食用沙拉已有千年以上的歷史。古希臘人非常喜歡以沙拉的形式來食用生鮮的蔬菜和水果，特別是在夏天的時候。羅馬人的晚餐，已經將沙拉分開獨立成一道菜，其內容包括橄欖、堅果類、醃漬蔬菜、一些生或熟的蔬菜，並且配上多種不同的醬汁。

十七、十八世紀，沙拉進入所謂的「華麗」時代。許許多多各式各樣的食材，都被運用到沙拉上。各式的生菜被用來作為沙拉的基底，然後在生菜的上面放上拌有蔬菜的肉（通常為家禽類的肉）。不過在沙拉的醬汁方面仍舊是不出油醋汁的範疇。

到了二十世紀初，沙拉的製作有了新的創新。艾斯可菲（Escoffier）創作了一道給那些有品味的人食用的沙拉，稱為 Salades Des Fines Gueules。英文的意思是“Salads for Those with Fine Palates”。中文是「給講究美食老饕的沙拉」。所用的食材包括西芹、家禽的胸肉和 Truffles ，醬汁方面是以普羅旺斯所生產的特級橄欖油和 Dijon 所生產的芥菜醬調製而成。

雖然早在二十世紀前，食用生菜沙拉在歐洲早已相當的普遍，但對廚師或是食客而言，沙拉並不是用餐的重點。在那個時代，沙拉本身並不被視為一道菜。在古典的法國宴會菜單裡，口感鮮脆的沙拉是用來中斷上菜，讓客人的味蕾稍微休息，讓味覺重新回復的作用。

在沙拉的發展上，美國也有相當的貢獻。沙拉跟隨著歐洲的移民，漂洋過海來到美洲後，逐漸的走出自己的一片天（有人認為是美國人在沙拉的製作上不道地的結果）。過去歐洲人是以各種不同蔬菜，配上各種辛香調味料、香味食材等的調味醬汁，所組合而成的沙拉。美國人跳脫出這種限制，進入了一個全新的紀元，除蔬菜外，美國人在沙拉中還加入肉類、海鮮、水果、乳酪和蛋等（沙拉各種可能的組合，完全是在於廚師的想像力）。由美國人所創造，最著名的沙拉有Waldorf沙拉（蘋果、西芹和美乃滋，1896年之前；到1920年代開始加入有Walnuts）和Caesar沙拉。但不論沙拉如何的發展，還是脫離不了沙拉本體及醬汁兩大部分。

17.2 沙拉醬汁與沾醬（Salad Dressing and Dips）

沙拉的醬汁又被稱為冷醬汁（Cold Sauces），主要是用來搭配沙拉的醬汁，用來賦予沙拉風味，有些可以將沙拉黏附在一起（例如美式馬鈴薯沙拉）。有些沙拉的醬汁可作為沾醬（Dips）之用（例如藍紋乳酪醬汁也用來作為水牛城酸辣雞翅的沾醬）。沾醬也被視為是一種醬汁或配料（Condiment），通常用來搭配生的蔬菜（如紅蘿蔔條）、蘇打餅乾、玉米片等Snack Foods。最常是在沒有座位的雞尾酒會上。

沙拉醬汁和沾醬的種類極多，基本上，可歸納成幾種類型：

- 油醋醬汁。
- 美乃滋為基底。
- 烹煮過的醬汁或沾醬。
- 乳製品為基底。
- 蔬菜或水果類的醬汁或沾醬。

油醋醬汁（Vinaigrette）

所謂的油醋醬汁是將三分油、一分醋的比例混合，然後以胡椒和鹽調味的乳化醬汁。這種基本的油醋醬汁又稱為法式醬汁（French Dressing）。

油醋醬汁是一種將油、醋以拌打的方式拌合，產生短暫的乳化現象，因缺乏乳化劑，僅能短暫的乳化結合，靜置一小段時間後，油和醋便會再度的分離開來。此類型的醬汁，每次使用前都必須再加以攪拌或用力的搖動，讓短暫的乳化作用再度形成。

此外，還有另一類稱為乳化油醋醬汁（Emulsified Vinaigrette）。是藉由加入乳化劑，讓油醋的乳化作用能夠穩定。這類型的乳化劑包括蛋黃、芥茉醬、玉米澱粉（或馬鈴薯澱粉等）。它們能夠同時吸附油醋醬汁中的液體及油脂。

基本上油醋醬汁不外乎是混含油脂及醋，來提升沙拉之風味。因此好的油醋醬汁，嚐起來必須讓油脂濃郁的口感及醋的尖銳酸度之間達到平衡。油醋醬汁中所用到的食材非常有限，因此食材本身的品質，對調合出來油醋醬汁的品質有關鍵性的影響。

當我們以不同種類的油、醋來組合，再配上各種的香味食材及辛香調味料，可衍生出無數多種的油醋醬汁。

油脂（Ols）

油脂的選擇必須同時考量其風味和價格。最常被用來調製成沙拉醬汁的油脂，除了需具特殊的香味外，通常還需有益人體的健康。橄欖油是沙拉醬汁最常見的油脂之一。除了其特有的風味外，橄欖油中含有高比例的單元不飽合脂肪酸，有助於維持人體中有益膽固醇的比例。特級橄欖油（Extra-virgin Olive Oil）具濃郁果香，是最常用的橄欖油類型。榛果油、核桃油、葡萄子油各有其獨特風味，也常用於油醋醬汁中。其他的油脂包括有蔬菜油等。

醋（Vinegar）

許多種不同的醋可供選擇來賦予油醋醬汁不同的風味。醋可以來自葡萄酒、水果汁等。好的醋和好的酒一樣，製程相當耗時費工。如巴薩米克醋（Balsamic Vinegar）是將白／紅葡萄酒在木桶中發酵，以其中的菌種將酒中的酒精轉變成醋酸。轉變過程約需六個月，最後再經過濾。

• 葡萄酒醋：紅酒醋、白酒醋、香檳醋等。

• 水果醋：水果醋通常風味較為溫和。目前市面上的水果醋種類相當多，包括蘋果醋等。

其他

柑橘類

一些柑橘類也被用來取代或部分取代醋，如檸檬、萊姆、柳橙等。除了提供酸味外，也讓油醋帶果香。

芥末醬

法式芥末醬及美式芥末醬皆可用。不過以法式迪戎芥末醬（Dijon Mustard）最為常見。芥末醬也是乳化油醋醬汁最常用的乳化劑，讓油醋的乳化作用可以持續一段不算短的時間。英式的芥末粉也可用，也會有同樣的效果。芥末除了可以穩定乳化作用外，也賦予油醋醬汁淡淡的辛辣口感。

新鮮香草植物

新鮮的香草植物能賦予油醋醬汁另一層面的風味。但其中的酸，很快的會讓葉綠菜變褐色，因此最好是上桌前才將新鮮的香草植物拌入。常見的新鮮香草植物包括百里香、巴西利、迷迭香、羅勒、茵陳蒿等。乾燥的香草植物也經常被使用，例如普羅旺斯香草（Herbs De Provence）是混合百里香、迷迭香、羅勒、馬鬱蘭、鼠尾草、茴香子等。

具甜味食材

油醋醬汁中有時也會拌入糖、蜂蜜等具甜味的食材，甜有助於緩和酸的尖銳口感。此外，蜂蜜也有助於油醋醬汁乳化作用的穩定。蜂蜜與芥末二者是相當受歡迎的組合，讓醬汁帶有酸、甜、淡淡辛辣的口感。

基本油醋醬汁／法式醬汁

材料

白酒醋	50 克
橄欖油	150 克
鹽及胡椒	適量
法式芥末醬	1 小匙
新鮮香草（百里香，巴西利）	1 小匙

製作步驟

1. 將白酒醋和法式芥末醬混合。
2. 逐漸的拌入橄欖油。
3. 以鹽、胡椒調味。
4. 依喜好可拌入少量的新鮮香草植物。

台灣版的法式醬汁

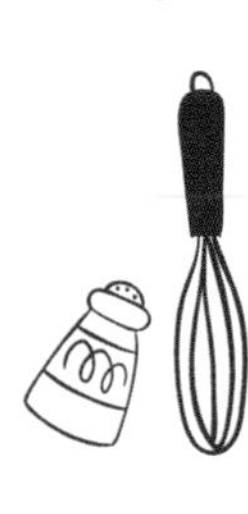

台灣版的法式醬汁則是將蛋黃醬、法式芥末醬等混合，然後以雞高湯調整至醬汁的稠度。

材料

美乃滋	200 克
法式芥末醬	40 克
雞高湯	85 克
鹽及胡椒	適量

製作步驟

1. 將美乃滋和法式芥末醬混合。
2. 以雞高湯調整至所需的濃稠度。
3. 以胡椒、鹽調味。

美乃滋（Mayonnaise）基底的醬汁

美乃滋俗稱蛋黃醬。雖然美乃滋和油醋醬汁從外觀上看起來是差異甚大。但從材料上來看，二者卻是相當的近似。事實上美乃滋可被視為一種以蛋黃乳化的油醋醬汁。製作原理把蛋黃藉由乳化的方式，將油脂吸附住，而形成一非常穩定的乳化醬汁，也可衍生出許多不同的醬汁。美乃滋和其所衍生的醬汁可以用來做為沙拉醬汁、沾醬、抹醬等，在製作上要非常的小心謹慎，避免蛋的污染，不用的時候，必須置於冰箱中保存。

美乃滋製作的基本步驟

1. 蛋黃中，加入少許的檸檬汁或是水，以打蛋器略為的拌打。
2. 緩緩倒入少許油，同時以打蛋器快速的拌打，直到油脂吸附完全，再繼續把油加進來。
3. 油加得愈多，醬汁就會愈稠。此時可加入少量的檸檬汁或是水，使蛋黃鬆弛以便能吸附更多的油。
4. 製作好的美乃滋需放置於冰箱中存放。

塔塔醬（Tartar Sauce）

塔塔醬是一種以美乃滋為基底，拌入洋蔥、酸黃瓜（Pickles）、酸豆（Caper）、檸檬汁（或醋）和新鮮的巴西利。有時也會加入切碎的水煮蛋、法式芥末醬、辣根醬等。傳統上，塔塔醬用來沾炸的海鮮（特別是炸魚）。

材料

材料	份量	材料	份量
美乃滋	200 克	酸豆切碎	20 克
洋蔥切碎	50 克	巴西利切碎	1 大匙
酸黃瓜切碎	20 克	檸檬汁	10 克

製作步驟

1. 將美乃滋與洋蔥碎、酸黃瓜碎、酸豆碎，一起拌勻。
2. 加入巴西利碎拌勻。
3. 最後加入檸檬汁調味即完成。

美乃滋（Mayonnaise）

材料

蛋黃 2 顆
檸檬汁 / 白酒醋 2～3 匙
沙拉油 250 克

作法

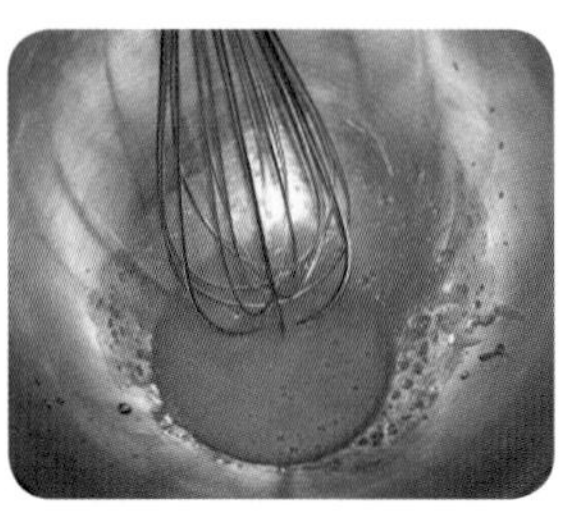

❶蛋黃放入打蛋盆中，加入數滴的檸檬汁，以打蛋器拌打，將蛋黃打鬆弛

❷緩緩倒入油，同時以打蛋器快速的拌打

❸當美乃滋變得太稠，加入少許的檸檬汁（或白醋）來讓其軟化

❹繼續將油拌打入美乃滋中

❺成品

乳製品爲基底的醬汁

有時乳製品也會用來調製成富乳香、口感濃郁的沙拉醬汁。依用途濃稠度也會有些差異。沾醬或塗醬必須要濃稠，淋在生菜沙拉上的醬汁，稠度接近鮮奶油之稠度即可，或較為液態的醬汁都可以。

這類型的醬汁或沾醬，最常見的是以軟質的乳酪為基底來製作，例如奶油乳酪、藍紋乳酪等。其中常見的調味食材包括檸檬、蒜頭、紅蔥頭、酸黃瓜（Pickles）、酸豆（Caper）、橄欖、朝鮮薊等，有時也會拌入切丁或切碎的蔬菜除可增進醬汁的風味外，還可增進醬汁的口感。有時會拌入蔬菜泥，來改變其顏色，同時也賦予一定的風味。

另外酸奶油（Sour Cream）是另一種常用來製作冷醬汁的基底。因為酸奶油略帶酸性的口感和略為重的風味，合乎搭配生菜沙拉醬汁的基本要求，同時酸奶油和許多的食材都可以搭配。最知名的為蒔蘿草黃瓜沙拉（Dill Cucumber Salad）

藍紋乳酪醬

藍紋乳酪醬汁源自美國，是美國非常受歡迎的沙拉醬汁及沾醬。基本上，藍紋乳酪醬汁並沒有一定的配方。許多的餐廳都有自己的版本。其中常見的食材包括美乃滋、酸奶油（Sour Cream）、藍紋乳酪、牛奶、醋、洋蔥粉、芥末粉、蒜頭粉。

在台灣，常見的版本是以雞高湯來調整其濃稠度。此外，藍紋乳酪醬汁也有油醋的版本，其主要食材則包括沙拉油、醋、藍紋乳酪等。藍紋乳酪醬汁除了用來做為沙拉醬汁，也會用來做為沾醬。如美式酸辣雞翅中就會以藍紋乳酪醬汁做為沾醬。

材料

藍紋乳酪	100 克	牛奶	60～80 克
酸奶油	2 大匙	巴西利碎	5 克
美乃滋	100 克	檸檬汁	15 克
鮮奶油	2 大匙		

製作步驟

1. 將美乃滋、酸奶油、鮮奶油拌勻，加入少許檸檬汁調味。
2. 加入牛奶來調整濃稠度。
3. 加入藍紋乳酪，稍微攪散（保有口感）。
4. 加入巴西利碎，以鹽及胡椒調味。

17.3　沙拉的食材（Ingredients of Salad）

沙拉可用的食材很多，包括各種的蔬菜、穀類、豆類、麵類、肉類、家禽、魚類等，所以沙拉幾乎是有無限多種的組合。

生菜類（Salad Green）

風味溫和

波士頓萵苣（Boston Lettuce）、美生菜（Lceberg Lettuce）、蘿蔓萵苣（Romaine Lettuce）。

風味嗆辣

以芥科家族（Mustard Family）為代表，生菜會帶著一些辛辣的風味。用量上不宜過多，否則會蓋過其他食材。

- 芝麻菜（Arugula; Rocket）。
- 西洋菜（Watercress），又稱水田芥或水芹菜。
- 水菜（Mizuna）。
- 塌棵菜（Tatsoi）又稱塔菇菜或烏塌菜。

具苦味

菊苣（Chicory）與苦苣（Endive）為代表。

- 紫萵苣（Radicchio）。
- 比利時苦苣（Belgian Endive）。

- 綠捲鬚萵苣（Frisée）。

常見的生食蔬菜

- 芽菜（Bean Sprout）
- 番茄（Tomatoes）
- 西芹（Celery）
- 球莖甘藍（Kohlrabi）
- 黃瓜（Cucumbers）
- 酪梨（Avocado）
- 甜椒（Bell Peppers）
- 紅蘿蔔（Carrots）
- 小紅蘿蔔（Radishes）
- 洋蔥家族（Onions And Scallions）

常見的燙煮、醃漬蔬菜

- 蘆荀（Asparagus）
- 韭蔥（Leeks）
- 甜菜頭（Beets）
- 玉米（Corn）
- 荸薺（Water Chestnut）
- 橄欖（Olive）
- 菜豆（Beans）
- 朝鮮薊（Artichoke）
- 豌豆（Peas）
- 綠花椰菜（Broccoli）
- 白花椰菜（Cauliflower）
- 洋菇（Mushroom）

澱粉類

- 豆類（Dried Beans）
- 穀類（Grains）
- 北非米（Couscous）
- 馬鈴薯（Potatoes）
- 通心麵類（Macaroni）

常見蛋白質類食材

- 家禽：雞、火雞等。
- 蛋：水煮蛋、低溫水煮蛋。
- 魚及殼類海鮮：鮭魚、鮪魚、鱸魚、鯷魚、蝦、龍蝦、小卷。
- 乳酪（Cheese）：鄉村乳酪（Cottage Cheese）、切達乳酪、瑞士乳酪。
- 肉類：牛肉、火腿、培根、帕瑪生火腿。

17.4 沙拉的分類

基本上沙拉幾乎可以有無限多種的組合，其多樣化的特性，讓我們很難為沙拉做明確的定義及明確的分類。為了便於學習或製作，我們會將它歸類。

對廚師而言，沙拉最常用的分類方式是直接以食材來區分，如生菜沙拉（Green Salads）、蔬菜沙拉（Vegetable Salads）、水果沙拉（Fruit Salads）、義大利麵食沙拉（Pasta Salads）等。

另一常用的分類方式則是依沙拉的功能性（菜單上扮演的角色）作為分類的標準。不過這功能性的分類界限也不是完全的明確，例如可以作為晚宴的沙拉，多半可作為午餐的主菜之用。

開胃菜沙拉

開胃菜沙拉的主要目的是在引發客人的食慾。所以可以是簡單的生菜拌油醋醬汁，也可以是有肉、海鮮、乳酪等華麗豐盛的沙拉。不過美國開胃菜沙拉還是以簡單的生菜沙拉為主。

配菜用沙拉

沙拉也可以和主菜一起上桌，做為配菜之用。其功能就如同主菜盤中的澱粉類或蔬菜的配菜一般。

習慣上，口味重的主菜會配上簡單清淡的沙拉。例如美式的 BBQ 烤肉，經常會以高麗菜絲沙拉來搭配。同樣的道理，口味較為清淡的主菜則可以口味較重的麵食類沙拉或穀類的沙拉來搭配。此外，沙拉中所用的食材、調味等，也應避免與前面的菜色或主菜重覆。

主菜用沙拉

國外，有些人會選擇以沙拉做為主菜。通常這些人特別注重食材的新鮮及多樣性。製作或構思主菜用的沙拉時，除了要有多種不同的蔬菜外，還需要有蛋白質類的食物，以期營養均衡。可以是肉類、家禽、魚類、蛋豆類等富含蛋白質的食材。因為要做為正餐食用，沙拉的分量也要足夠。主廚沙拉及尼斯沙拉都可以作為主菜用沙拉。

甜點用沙拉

製作上考量的分類

基本上，大多數的沙拉都是冷食，所搭配的醬汁通常都是冷的。傳統上，用來搭配沙拉的醬汁，不是以油醋為基底，就是以美乃滋為其基底。沙拉基本上可歸納成下面幾類，不過各個類別之間的分野也並非絕對：

- 翠綠沙拉（Green Salads）。
- 配菜用沙拉（Side Salad），包括有蔬菜、馬鈴薯、麵類等。
- 開胃菜類沙拉。
- 組合式沙拉（Composed Salads）。

翠綠沙拉（Green Salads）

翠綠沙拉可以用來作為開胃菜沙拉、配菜用沙拉、主菜用沙拉等。翠綠沙拉可以一種或多種不同的生菜混合，切或撕成約半張紙鈔大小，然後倒入醬汁拌合（Toss）均勻即可。翠綠沙拉通常是以葉菜類為主要的生菜，常見的包括西生菜（Ice Burger Lettuce）、蘿蔓（Romain）、菠菜等，蔬菜上面經常灑上些麵包丁、乳酪等作為配菜（Garnishes）。其他常見的非葉菜類蔬菜包括有小黃瓜、甜椒、洋蔥、紅蘿蔔等。

翠綠生菜之製備的基本步驟

為了不讓客人食用到含有泥沙、碰傷、枯萎的生菜，從清洗、處理上要細心，從進貨、處理、一直到裝盤給客人食用，整個過程都要保持低溫的狀態。而處理生菜其步驟如下：

1. 將枯萎、最外層的老生菜葉片或壓傷、碰傷的生菜葉片摘除。
2. 使用足夠的冷水，將生菜葉上的泥沙徹底的沖洗乾淨。生菜沖洗乾淨後，以手握生菜根部，將葉子朝下，將生菜浸泡於乾淨的水（或 RO 水）中，並上下左右晃動，讓砂石下沉。洗好後置於濾水盆（Colander）或任何可讓水滴乾的容器中。
3. 將生菜葉片自根部折斷取下或以刀將根部切除。

4. 生菜以刀切或手撕，成大約 1～2 口大小。
5. 生菜脫去多餘的水後，放進乾淨的容器中（生菜保存得以更久、沙拉醬汁均勻的附著在生菜上）。
6. 將乾淨的生菜葉貯存在盒子或容器中，並覆蓋一層濕紙巾，蓋上保鮮膜或盒蓋。於冰箱中約可保鮮一至兩天。

翠綠沙拉附法式沙拉醬和翠綠沙拉附藍紋乳酪醬

材料

蘿蔓或萵苣	200 克
小黃瓜切片	50 克
法式沙拉醬或藍紋乳酪醬	50 克

作法

❶將生菜整理、分切、裝盤

❷調製法式醬汁

❸翠綠沙拉附法式沙拉醬

❹調製藍紋乳酪醬

❺翠綠沙拉附藍紋乳酪醬

TIPS

1. 生菜和沙拉醬汁拌勻，以由下往上翻拌（Tossed）的方式進行，翻拌的用具可以是夾子、湯匙、叉子或戴上手套的雙手，將生菜由下往上輕輕的拋起，其目的是能將生菜和醬汁拌勻，不須用力以免將生菜弄傷。
2. 沙拉醬汁通常必須和生菜拌勻後，才能上桌給客人。但生菜拌入醬汁後不能久放，很快的生菜就有脫水的現象。因此西餐丙檢時，監評人員不一定能夠馬上評分，因此才會要求以附上醬汁的方式呈現。

配菜用沙拉（Side Salad）

所謂「配菜」指的是那些用來搭配主菜一起上桌給客人的菜餚，可以是蔬菜、澱粉類如馬鈴薯、米飯等。沙拉也可以是其中之一。

- **高麗菜絲沙拉（Coleslaw）**

"Coleslaw"這個字是源自荷蘭字"Koolsla"。在荷蘭字中 Kool 的意思就是高麗菜（Cabbage），而 Sla 是沙拉（Salad）的縮寫。這道高麗菜沙拉，是將高麗菜切細絲後，拌入美乃滋所製作而成。不過現代多半會加入少許切細絲的紅蘿蔔。在美國，高麗菜多半是切絲後直接拌醬汁，台灣則習慣會先以鹽將高麗菜脫水，然後才拌入美乃滋。

- **小茴香黃瓜沙拉（Dill Cucumber Salad）**

小茴香黃瓜沙拉是一道地中海南部地區典型的夏日沙拉。除了可做為配菜用，也被用來做開胃菜。做茴香黃瓜沙拉時，習慣上會先將切好的黃爪灑上一些鹽（但也有人跳過此步驟），來脫去多餘的水份。然後以清水將鹽沖洗掉，如此可以讓黃瓜略微軟化，但仍可保有鮮脆的口感，也不會有酸奶油被黃瓜所流出汁液稀釋的困擾。小茴香黃瓜沙拉中的酸奶油，經常是以優格（Yogurt）來取代。

- **德式馬鈴薯沙拉**

製作馬鈴薯沙拉時，馬鈴薯一定要煮到熟透，但絕不可煮過頭，才不致於糊掉。最合適用來製作馬鈴薯沙拉的種類最好選用含水份高的品種，煮熟後較能保持外型的完整。

傳統的美式馬鈴薯沙拉，通常是以美乃滋為基底醬汁。歐洲國家的馬鈴薯沙拉則多半以油醋汁為其醬汁。所用的油脂除橄欖油外，有些是以培根油、高湯混合調製而成的醬汁。以油醋為醬汁的馬鈴薯沙拉，為了要讓馬鈴薯能入味，馬鈴薯仍然溫熱的狀態就要與醬汁混合，這對馬鈴薯沙拉風味的提升有極大的助益。德式的馬鈴薯沙拉，通常是溫熱食用，裹上培根油、醋混合所調製的醬汁。

- **蛋黃醬通心麵沙拉（Macaroni Salad）**

說到麵類沙拉總會令人想到義大利。然而麵類沙拉卻是道地的美式沙拉菜餚。沙拉用的麵不可煮到完全的軟化（要有彈牙的咬感）。而麵類沙拉以蛋黃醬通心麵沙拉最為人所熟知。此道菜餚習慣上是冷食。通常被用來做為美式燒烤的配菜，或是戶外野餐的菜餚。其中所拌入的多種蔬菜，習慣上是生的（不須汆燙）。但在台灣有些人則會要求有些蔬菜必須汆燙（例如西餐丙級檢定要求西芹要汆燙）。至於哪些蔬菜需要汆燙，哪些不須汆燙。純屬個人喜好，而非對錯的問題。若遇考試，請詢問主考人員，以避免困擾。

- **華爾道夫沙拉（Waldorf Salad）**

華爾道夫沙拉是在一八九〇年代後期，由 Chef Oscar Tschirky 於紐約的 Waldorf-Astoria Hotel 所創。當時這道沙拉只有蘋果、西芹和美乃滋。約到了一九二〇年代，華爾道夫沙拉中開始加入核桃碎，現在也有些人會加入葡萄乾。傳統上華爾道夫沙拉上桌時，通常下面會鋪上西生菜葉（現代則多半混有多種不同的生菜葉）。

高麗菜絲沙拉（Coleslaw）

材料

高麗菜（切絲）…… 300 克
紅蘿蔔（切絲）…… 50 克
克美乃滋 …… 60 克
蘋果醋 …… 10 克
英式芥末粉 …… 1/2 小匙
糖 …… 10 克
鹽、白胡椒 …… 適量

作法

❶將美乃滋、砂糖、芥末粉、蘋果醋放入攪拌盆中混合均勻

❷放入高麗菜絲與紅蘿蔔絲拌勻，以鹽及胡椒調味即完成

小茴香黃瓜沙拉（Dill Cucumber Salad）

材料

大黃瓜	1 條	酸奶油	100～150 克
鹽	2 大匙	小茴香	1 大匙

作法

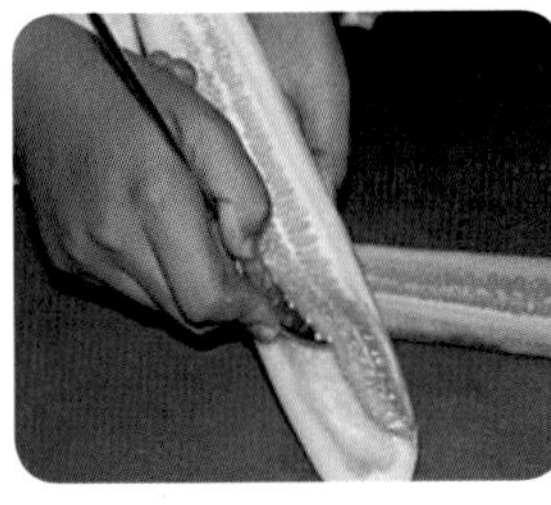

❶將大黃瓜去皮、對半切開並去籽

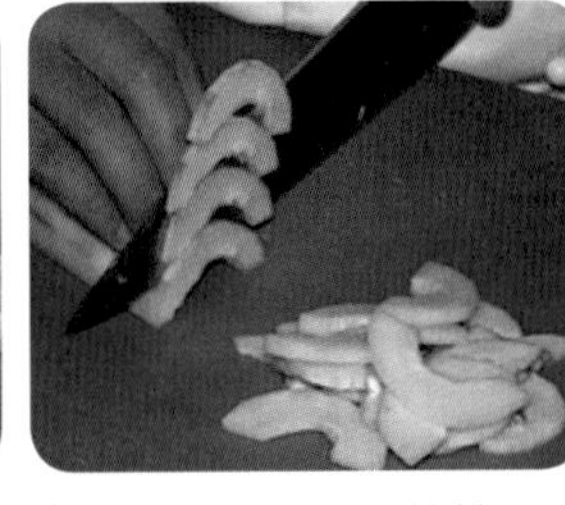

❷切約 2 公釐的薄片

❸灑上鹽，並置於冰箱，醃 10 分鐘

❹用過濾水將鹽沖洗掉，並擠乾

❺拌入酸奶油、小茴香

❻成品

TIPS

1. 黃瓜去皮、籽切片，厚薄要一致。
2. 加鹽醃漬，要置放冰箱冷藏去水份。
3. 擠出水後要拌入酸奶油及蒔蘿草並調味。
4. 成品具白綠相間觀感，不可出水。
5. 應冷藏調製，供餐時應冰涼。

德式馬鈴薯沙拉

材料

馬鈴薯（大丁、煮熟）500 克
培根（切小丁）……30 克
雞高湯……150 克
白酒醋……50 克
洋蔥（切小丁）……30 克
糖……少許
鹽、白胡椒粉……少許
芥末醬……1 小匙
蝦夷蔥……5 克

作法

❶將培根以小火逼出油脂，然後加入洋蔥碎炒軟

❷離火後倒入雞高湯、白酒醋、芥菜醬、糖及胡椒、鹽

❸將煮熟的馬鈴薯放入醬汁中拌勻，隨著溫度降低，醬汁的味道會慢慢滲入馬鈴薯中

❹擺盤時撒上蝦夷蔥即完成

TIPS

1. 馬鈴薯刀工要一致。
2. 馬鈴薯熟度要恰當。
3. 盤飾觀感要適宜。
4. 沙拉要溫熱。
5. 味道要適中，不油膩，有培根及蔥花的芳香。

蛋黃醬通心麵沙拉（Macaroni Salad）

材料

材料	份量	材料	份量
通心麵（煮熟、冷卻）	500 克	紅椒（小丁）	50 克
洋蔥（小丁）	80 克	蒜頭（碎）	少許
西芹（小丁）	50 克	蛋黃醬	150 克
青椒（小丁）	50 克		

作法

❶滾水中加入少許鹽，倒入通心麵

❷通心麵煮熟後立刻沖清水冷卻

❸將通心麵與所有蔬菜丁混合，拌入蛋黃醬，以鹽及胡椒調味。放到冰箱中備用

❹成品

TIPS

1. 蔬菜刀工要一致。
2. 西芹菜要殺菁。
3. 通心麵熟度要 Al Dente。
4. 沙拉須冰冷。
5. 沙拉不可出水。
6. 味道要恰當。

華爾道夫沙拉（Waldorf Salad）

材料

蘋果（切大丁，泡檸檬水）2 顆
顆西芹（切大丁，汆燙）…… 60 克
核桃（切碎）…………………… 30 克
美乃滋…………………………… 100 克

作法

將蘋果、西芹和美乃滋混合拌勻，並以鹽調味後，放到鋪有西生菜的盤中，灑上核桃碎即完成

TIPS

1. 蘋果去皮不可變色，西芹菜要殺菁處理。
2. 蘋果、西芹刀工大小要適中。
3. 除胡桃仁外的食材經拌勻後要冰冷，不可出水。
4. 胡桃仁要撒在沙拉上而不可拌入沙拉內。
5. 蘋果口感要香脆。
6. 供餐前應置冰箱冷藏，以冰涼狀態供餐。

開胃菜類沙拉

鮮蝦盅附考克醬（Shrimp Cocktail）

鮮蝦考克盅（Shrimp Cocktail）這道開胃菜約略出現在十九世紀末到二十世紀初的美國。早在十九世紀的美國人吃生蠔時，都會搭配以番茄為基底的辣醬汁（通常是番茄醬加入具辛辣味的食材，如辣根醬、Tabasco 辣椒醬、凱恩辣椒）。這種辣的番茄醬汁，通常盛裝於小的杯子裡；這道開胃菜在二十世紀初非常的普遍，逐漸的路易斯安納州出現了蝦子的版本，並逐漸的流行起來。「雞尾酒（Cocktail）」之類的開胃菜在美禁酒的二〇年代相當的風行（如 Fruit Cocktail, Shrimp Cocktail 等）。在那年代這些名稱中"Cocktail"的開胃菜，都是放在雞尾酒杯中。因為雞尾酒杯不再能裝酒，或許這只是個店家發揮創意的產物。傳統上，鮮蝦考克盅的展現上，是將大尾的蝦子倒掛在雞尾酒杯緣上，酒杯中央則放辣的番茄醬汁作為蝦子的沾醬用。

考克醬汁習慣上被用來搭配清蒸或水煮的蝦子，或是帶殼的海鮮。考克醬的配方相當多樣化，最簡單的版本只在番茄醬中混入辣根醬。英國、法國、冰島等國，通常還會拌入美乃滋。在美國大部分的生蠔吧檯（Oyster Bar），是以考克醬為搭配生蠔的標準的醬汁，客人則會把考克醬汁放在生蠔上食用。配方則包括番茄醬、辣根醬、辣椒醬、梅林醬油、檸檬汁等。

鮮蝦盅附考克醬（Shrimp Cocktail）

材料

蝦……6隻

調味料

煮液……400克

萵苣……200克

考克醬汁

番茄醬……150克

辣根醬……30克

梅林醬油……20克

檸檬汁……10克

Tabasco辣椒醬……2～3滴

鹽、胡椒……適量

作法

❶蝦子洗淨、去泥腸，在調味煮液中煮熟

❷將蝦子迅速冷卻

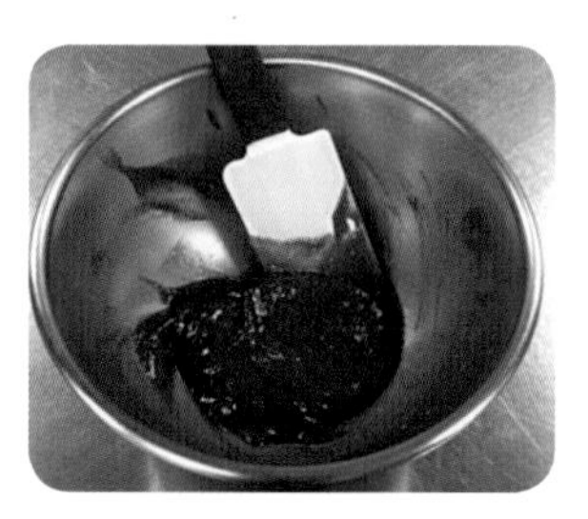

❸在鋼盆中將考克醬汁的材料混合均勻，以Tabasco調整辣度，倒入容器中備用

❹蝦子去頭去殼，從背部對半剖開

❺將萵苣切細絲，鋪在雞尾杯下，上面放置蝦子

❻成品

1. 需用調味煮液來烹調蝦。
2. 烹調蝦的時間及溫度要恰當，並注意觀感色澤。
3. 萵苣切絲刀工要均勻。
4. 要用檸檬作裝飾。
5. 醬汁須先打成蛋黃醬再調配成考克醬。
6. 成品蝦子不可帶尾殼。
7. 供餐時蝦及醬汁應冰冷。

組合式沙拉（Composed Salads）

組合式沙拉其各個食材多半是經巧思構圖後，以一定的排列方式組合而成，而非僅以翻拌（Tossing）的方式將食材任意的混合。通常一個組合式沙拉是由四大部分所組合而成：

基底

生菜或是綠色的蔬菜，通常都用來做為 Composed Salads 的基底。所用生菜的種類可以是單一種類（最常見的是西生菜），也可是以多種生菜組合而成，來增加沙拉視覺上的美觀及口感上的多樣化。

主體

該道沙拉中最具代表性或特色的主要食材。一般而言，肉類、魚、海鮮等，都是 Composed Salad ，常見的主體食材。例如在尼斯沙拉（Nicoise Style Salad）中，「鮪魚」是最具特色的食材，也就是尼斯沙拉的主體。

醬汁

沙拉所用的醬汁，要能與食材相搭。沙拉醬汁的用量，基本上只須在生菜葉上覆蓋著薄薄的一層醬汁即可，而 Composed Salad 中，經常使用一種以上的沙拉醬。

裝飾、搭配性的食材

沙拉上的裝飾、搭配性的食材，主要目的之一是要以鮮明的色彩，增加沙拉本身視覺上的美觀。這種裝飾、搭配性的食材，對沙拉風味及口感上的均衡也是相當重要的考量因素。

- **尼斯沙拉（Salad Niçoise）**

尼斯沙拉是一道典型法國南方的菜餚，所用的皆為當地所盛產的食材，包括：番茄、小黃瓜、馬鈴薯、新鮮的Fava Beans或是小的青椒、生的洋蔥、水煮蛋、鯷魚或鮪魚、尼斯橄欖、橄欖油、蒜頭和羅勒等。傳統上尼斯沙拉是搭配迪戎芥末的油醋醬汁。

- **主廚沙拉附油醋汁（Chef Salad）**

主廚沙拉的由來及其配料，仍有多種不同的說法。依 American Food: The Gastronomic Story（1975 年）指出主廚沙拉雖然起源無法確認真正的起源，但似乎第一個出現於紐約的 Ritz-Carleton 的菜單上。主廚沙拉中除了葉類生菜外，還包括有水煮蛋、切條的火腿或其他的冷肉（雞胸肉、火雞肉、烤牛肉）、乳酪、番茄、黃瓜等，通常搭配油醋醬汁。

- **海鮮沙拉（Seafood Salad）**

海鮮沙拉顧名思義，就是生菜與海鮮的組合。它不像尼斯沙拉（Salad Niçoise）源自某個地區，也不像主廚沙拉還有歷史可追溯。所以它只是一種概念，沒有一定的做法或配方。其中海鮮的部分可以是以水煮或煎炒的方式烹調。

尼斯沙拉（Salad Niçoise）

材料

四季豆（燙熟）	100 克	水煮蛋（hard；切四開）	1 顆
萵苣	1/2 顆	鯷魚	6 條
馬鈴薯（煮熟）	1 顆	鮪魚罐頭（濾乾）	1/2 罐
酸豆	1 小匙	黑橄欖	8 粒
紅番茄（去皮、切八開）	1 顆	基本油醋醬汁	50 克

作法

❶先將沙拉用的蔬菜製備好

❷將萵苣置於盤中，接著放上四季豆、番茄、馬鈴薯，再放上蛋、鯷魚、鮪魚等

❸附上油醋醬汁即完成

TIPS

1. 蔬菜刀工要一致。
2. 四季豆要殺菁，萵苣、番茄不可出水。
3. 沙拉觀感色澤要鮮明、不混合，組織要膨鬆。
4. 口感要有鮪魚及蔬菜酸味。
5. 可隨意添加馬鈴薯，但不可太熟爛。

主廚沙拉附油醋汁（Chef Salad）

材料

萵苣	1/2 顆	洋火腿切條	60 克
小黃瓜	1 條	雞胸肉（煮熟切條）	1 塊
水煮蛋（hard；切四開）	1 顆	番茄	1 顆
胡蘿蔔	60 克	巧達乳酪切條	60 克

作法

❶將火腿、乳酪、小黃瓜、胡蘿蔔等切條狀

❷以萵苣鋪底，上方以圍繞的方式擺上洋火腿、雞胸肉、番茄、乳酪、水煮蛋

❸附上油醋醬汁即完成

TIPS

1. 食材的刀工要一致，肉類、乳酪切條狀，其餘切片。
2. 擺飾搭配要雅觀，取量要適當。
3. 油醋汁調配比例（3:1）要恰當不油膩，醬汁量與沙拉量比例要恰好。
4. 萵苣要鮮脆不脫水，成品要冰冷。

海鮮沙拉（Seafood Salad）

材料

材料	份量
草蝦	6 隻
淡菜	6 隻
透抽	200 克
鮭魚	200 克
蘿蔓生菜	150 克
萵苣	150 克
羅勒葉（切絲）	15 克
巴西利碎	5 克

油醋

材料	份量
白酒醋	20 克
橄欖油	60 克
法式芥末醬	1 小匙
蒜頭碎	1 小匙

作法

❶將海鮮以大火煎炒上色

❷煮熟的海鮮放置於冰塊上或放進冰箱中冷藏備用

❸將生菜鋪於盤底，海鮮放置於生菜上面，撒上羅勒絲與巴西利碎，附上剛打好的油醋醬汁

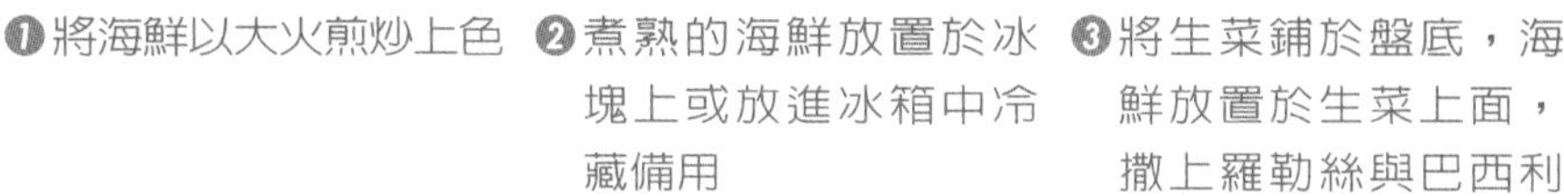

1. 海鮮處理刀工要一致。
2. 海鮮烹調後須冷藏保鮮。
3. 須附一楔形（Wedge）檸檬。
4. 沙拉底部不可有湯水。
5. 萵苣菜要有鮮脆感。
6. 油醋汁要注意油醋比例（3:1）。
7. 醬汁要有蒜頭香味。

NOTE

CHAPTER 18

廚房點心（Kitchen Desserts）

18.1 卡士達（Custard）

雖然西點烘焙往往會被視為是廚藝的另一塊領域，但並非專業廚師可以不必了解西點烘焙。專業廚師必須要能夠製作一些基本麵糰及麵糊。換句話說，就是要能夠操作酵母菌，正確的拌合及烘烤麵糰（糊），以及製作一些簡單的糕點等，這些都屬於西餐廚師專業知識及技能的一部分。

所謂卡士達（Custard）類的甜點，就是在牛奶或動物性鮮奶油中拌入蛋或蛋黃，藉由蛋或蛋黃受熱後會變稠或凝結的特性，所製作出的甜點。所以又有牛奶雞蛋布丁之稱。卡士達中蛋的用量愈多，製作出來的成品較為濃稠，口感上也較為濃郁。同樣的，動物性鮮奶油取代愈多的牛奶，製作出來的成品也會較為濃稠，口感上較為濃郁。

- **香草醬汁（Vanilla Sauce/Crème Anglaise）**

香草醬汁所需的食材並不複雜，基本的食材包括蛋、牛奶或是鮮奶油、糖和香草豆莢或香草精。製作上是將這些材料混合、拌勻後，直接在爐上緩緩的加熱，直到蛋白質變性，醬汁逐漸的變稠，直到可以 Coating 在木匙或湯匙上。香草醬汁中因有蛋的成份在其中，製作上要相當的小心謹慎，絕不可加熱到沸騰，以避免造成蛋的凝固，使醬汁中會有蛋凝結的小顆粒的產生。製作完成的香草醬汁，質感非常的細緻、滑順，其中不可有小顆粒凝結的蛋。醬汁煮好後，需要迅速的冷卻到 4°C以下，並儲存於冰箱中，以避免引發食物中毒。

- **格司（Pastry Cream）**

格司是一種以澱粉（通常是玉米澱粉或是低筋麵粉）所稠化的牛奶雞蛋布丁。格司必須要濃稠到不會流動（Hold Its Shape）、用來填充甜點等西點時，才不會呈現濕濕的（Soggy）狀態。

- **焦糖布丁**

焦糖布丁屬烘烤的卡士達（Baked Custard）。焦糖布丁在烘烤上，必須以水浴法（Bain Marie）的方式在烤箱中烘烤。水浴法的目的，是讓牛奶雞蛋布丁的溫度上升不會太快，且溫度保持在 100°C以下。因此在烘烤的技巧上，最重要的是烤箱溫度不可太高，水浴中的水絕不能滾、不能烤過頭，否則就會讓成品變硬且有孔洞的情形。

香草醬汁（Vanilla Sauce/Crème Anglaise）

材料

牛奶	100 克	糖	40 克
鮮奶油	100 克	香草精	少許
蛋	2 顆		

作法

❶將牛奶、動物性鮮奶油和一半的糖倒入鍋中加熱

❷另一半的糖放到蛋黃裡。立刻拌打到糖溶解於蛋黃中，蛋黃的顏色稍為轉白

❸將約 1/3 的熱牛奶倒入蛋黃中，同時快速攪拌

❹再將混有熱牛奶的蛋黃液，倒回熱牛奶鍋中拌勻

❺將鍋子放回爐檯上以小火加熱，須以木匙來回刮鍋底，避免沾黏，造成燒焦

❻煮到醬汁可附著在木匙上，以手指劃過會保持分開（此時溫度約達 82℃）

❼即刻離火過濾，並迅速冷卻

在步驟❷中，糖加到蛋黃裡必須要立刻的拌打，否則會造成蛋黃的蛋白質變性而形成顆粒。

焦糖布丁

材料

布丁		焦糖	
牛奶	500 克	糖	150 克
糖	90 克	水	40 克
全蛋	3 粒	檸檬汁	少許
蛋黃	2 粒		
香草精	少許		

作法

❶糖、水及檸檬汁，放進鍋中加熱，保持小滾的狀態。若鍋緣有濺起的糖水，可以毛刷沾水，將鍋邊刷洗乾淨，避免鍋邊焦黑

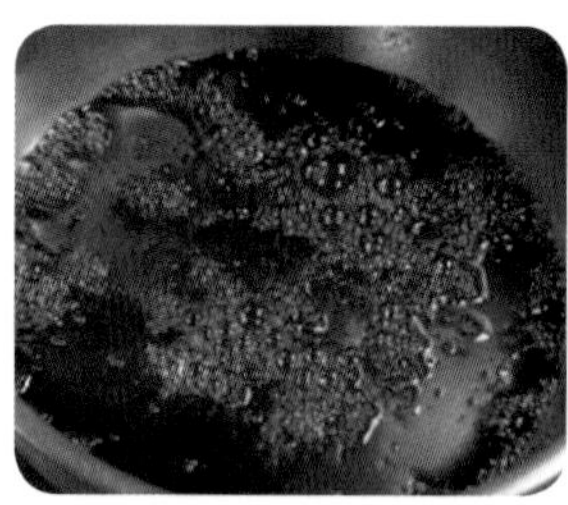

❷隨著加熱的持續，糖液由透明無色，直到呈淡焦褐色。即刻離火

❸趁熱將焦糖倒入到烤模中

❹將牛奶和一半的糖，加熱到滾

❺同時，將另外的一半糖和蛋拌打均勻，直到糖完全溶解，蛋液略呈白色

❻將約 1/3 的熱牛奶倒入蛋黃中，同時不停攪拌

❼將蛋黃與牛奶混合液，倒入到熱牛奶中

❽將牛奶與蛋的混合液，倒入裝有焦糖的烤模中

❾烤盤中倒入熱水

❿放入160℃的烤箱中，以水浴法（Water Bath）烤約45分鐘

⓫烤好的布丁已完全的凝結，輕輕搖晃，布丁會有些許的晃動。以小刀刺入，刀面不會沾上任何蛋液

⓬將布丁扣出。若無法直接扣出，可用小刀劃過烤模邊緣

⓭成品

格司（Pastry Cream）

材料

牛奶	200 克	玉米澱粉	20 克
糖	50 克	奶油	20 克
蛋黃	2 顆	香草精	少許

作法

❶將牛奶和一半的糖混合放到爐子上加熱。同時，將玉米澱粉、另一半的糖、蛋黃，在鋼盆中拌勻

❷牛奶滾後，將約 1/3 的熱牛奶緩緩倒入蛋的混合液中，一邊加一邊攪拌

❸蛋的混合液溫度提升後，倒回熱牛奶中

❹放回爐子上加熱至滾，加熱過程需要不停攪拌，直到卡士達醬完全的稠化，並拌入 1～2 滴的香草精

❺可以在卡士達醬上沾些許奶油，蓋上保鮮膜，放進冰箱中備用

英式米布丁（Rice Pudding）

Pudding 來自法文"Boudin"，在歐洲古時候 Pudding 這個字事實上適用於所有水煮的菜餚上。然而用來指今天這種甜的點心是十七世紀以後的事情。

米布丁源自古羅馬時代的米濃湯（Rice Pottages）。在那時候米濃湯是給胃不舒服的人食用。到了中世紀，這種米濃湯在製作上有些許的改變。到了十七世紀初，以烘烤方式製作米布丁的食譜開始出現，不過製作上相當的繁瑣。

在英國，米布丁是相當普遍的傳統點心，如果是吃熱的，上面往往會淋上鮮奶油。所用的原料包括有米、牛奶、鮮奶油和糖。其中經常會加入香草、豆蔻、肉桂調味。其製作方法有二：

鍋中燉煮

把米粒和牛奶在鍋中以小火燉煮，煮透後加入糖，最後拌入鮮奶油。可以吃冷或吃熱的。米布丁的質地近似濃稠（Very Creamy Consistency）。

烤箱

將米、牛奶、鮮奶油和糖混合均勻後放入烤皿（模）中，以低溫烤數小時，直到米粒熟透、質地濃稠。而英國北部往往會以奶油來取代鮮奶油，其中還會加入少許的鹽，這樣的米布丁，冷卻後會變硬。可以切片如同蛋糕般。

英式米布丁（Rice Pudding）

材料

米（圓米）	150 克	豆蔻粉	少許
牛奶	500 克	糖	120 克
肉桂棒	1 支	香草精	少許

作法

❶將牛奶、米、肉桂、豆蔻等放入鍋中，以中火加熱到小滾

❷蓋上鍋蓋，放進 160°C 的烤箱中。烤約 25～30 分鐘。直到米粒熟透

❸米飯自烤箱取出後立刻將砂糖拌入。冷卻到 60°C以下後，將蛋黃拌入

❹烤模內塗上奶油，並在底層鋪油紙。將米飯倒入烤模中

❺烤盤中倒入熱水

❻放進 160°C的烤箱中烤約 45 分鐘

❼將烤好的米布丁迅速的冷卻

❽將米布丁倒出烤模

❾切成片狀擺盤，淋上香草醬汁

18.2　慕斯（Mousse）

慕斯是一種質地膨鬆，但口感香濃的甜點。基本的慕斯甜點，常用的食材包括：蛋、動物性鮮奶油、糖、香味食材等。其中香味食材製作成慕斯的基底，蛋及動物性鮮奶油會被打發，加入到慕斯的基底中就可製作出質地膨鬆、口感香濃的慕斯甜點。慕斯可以用多種不同的方式來呈現，但最常見的方式之一是將其盛入漂亮的玻璃杯中。

巧克力慕斯

材料

巧克力（半甜）	150 克	蘭姆酒	一大匙
奶油	20 克	香草精	數滴
全蛋（蛋黃蛋白分開）	2 粒	動物性鮮奶油（打發）	120 克
糖	30 克		

作法

❶將切碎的巧克力以隔水加熱的方式溶化，溶化後加入奶油，攪拌至奶油溶化後停止加熱

❷蛋黃加入糖，以隔水加熱的方式打發。直到膨鬆稠化

❸將打發好的蛋黃拌入巧克力中，由下而上翻起的方式攪拌均勻

❹蛋白加入糖，打到濕性發泡，分兩次拌入巧克力中。第一次拌入約 1/3 的蛋白

❺拌勻後，再將剩餘的 2/3 蛋白拌入，攪拌時要順著同一方向

❻鮮奶油加入糖，隔冰打到濕性發泡後加入蘭姆酒與香草精拌勻，同樣分兩次拌入巧克力中

❼拌好的巧克力慕斯質地相當膨鬆

❽將拌好的巧克力慕斯放入擠花袋中，擠入雞尾酒杯

❾成品

TIPS

天然可可脂（Cocoa Butter）的溶點在 31～36℃之間。溶化巧克力的過程愈溫和愈好，所以必須以隔水加熱的方式進行。在溶化過程中，巧克力不可接觸到水，只要一小滴水，就足以讓光滑亮麗的巧克力迅速「收縮變硬」，生成質地粗糙的糊狀物，變得無法溶化。

下列的原則有助於避免巧克力在溶化的過程中發生「收縮變硬」的情形：

1. 將巧克力切碎，才能溶化得更均勻且快速。
2. 以隔水加熱方式將巧克力溶化。加熱的水保持在接近小滾的狀態，避免水（蒸氣）跑進到巧克力中。

18.3 酥皮類糕點（Pastries）

所謂的酥皮類糕點（Pastries）指的是那些以麵粉、油脂（奶油、酥油、豬油等）、液體（水、蛋等）等食材製作出來的麵糰或麵皮。然後用來烘烤或製作出多種不同的酥皮類糕點。大部分酥皮類糕點的麵糰，很少直接烘烤食用。泡芙和烤蘋果奶酥都屬酥皮類糕點。

- **香草餡奶油泡芙（Cream Puff With Vanilla Custard Filling）**

奶油泡芙在外型看起來有些像小顆的高麗菜，所以奶油泡芙的麵糰稱為“Choux Pastry”。“Choux”在法文中指的是“Cabbage”，也就是高麗菜的意思。而“Puff Pastry”指的則是鬆餅或是層酥麵糰。烤好的泡芙外觀呈焦黃色，外殼鬆軟、略具酥脆口感，中心部分呈中空。因此於古典法式料理中，很自然的被用來填充各式的餡料。

泡芙麵糰的製作非常獨特。是將麵粉加入到滾燙的熱水或牛奶中，進行所謂的「燙麵」處理。麵糰煮到滑順成糰、不黏鍋，即可離火降溫。然後將蛋一顆顆的拌入，讓原本呈硬實狀態的麵糰，逐漸變軟，直到形成幾近流動的光滑麵糊。泡芙麵糰必須要以高溫烘烤，讓其中心能快速的生成大氣室，最終烤好的泡芙才能呈現中空。

- **烤蘋果奶酥（Apple Crumble）**

所謂的奶酥派（Crumble）指的是以麵粉、糖、油脂（通常為奶油）等食材，混合搓揉成小顆粒（用來取代派皮），直接鋪灑在水果上（通常為燉熟的水果），然後放進烤箱將表面烤成焦黃酥脆即可。奶酥派源自二次世界大戰期間英國。許多的食材都實施配給，在原物料不足的情形下，所變通出來的點心。省去派皮（需用到較多的麵粉、糖和油脂），奶酥派因而發展出來。由於免去製作派皮的麻煩，而且製作上快速簡單許多，很快的流行起來。不過在台灣，烤蘋果奶酥派仍要求要有派皮。

基本上奶酥派上的奶酥是一種不加水的甜派皮，其主要的食材包括有麵粉、奶油、糖和些許的辛香料（如肉桂粉）。在台灣我們則習慣以等量的麵粉、奶油、糖和奶粉，混合搓揉成小顆粒，以湯匙將其均勻的灑在水果派之上，然後放進烤箱加以烘烤。烤的時候，奶酥中的奶油因高溫而溶化，黏固那這些乾的食材，成為一顆顆香酥的顆粒。但它不會像派皮形成一層麵皮。

香草餡奶油泡芙（Cream Puff With Vanilla Custard Filling）

材料

泡芙麵團

牛奶／水	160 克
奶油	70 克
高筋麵粉	110 克
蛋	2~3 粒
鹽	少許
糖	少許

香草餡

牛奶	200 克
糖	50 克
蛋黃	2 顆
玉米澱粉	20 克
香草精	少許

作法

❶將牛奶倒入到鍋中加熱，以少許鹽及胡椒調味，加入奶油。加熱到滾後，迅速的倒入全部麵粉

❷以木匙拌攪，直到麵糰變得平滑、成糰，不再沾黏鍋子。離火冷卻

❸冷卻後拌入蛋，一次拌入半顆，慢慢將 2~3 顆蛋拌入

❹直到麵糊撈起會呈倒三角形不會流掉

❺放入擠花袋中，使用圓口花嘴

❻擠少許的麵糊來固定烤盤紙

❼將泡芙麵糰壓擠至烤盤紙上，麵團間空隙要大一點

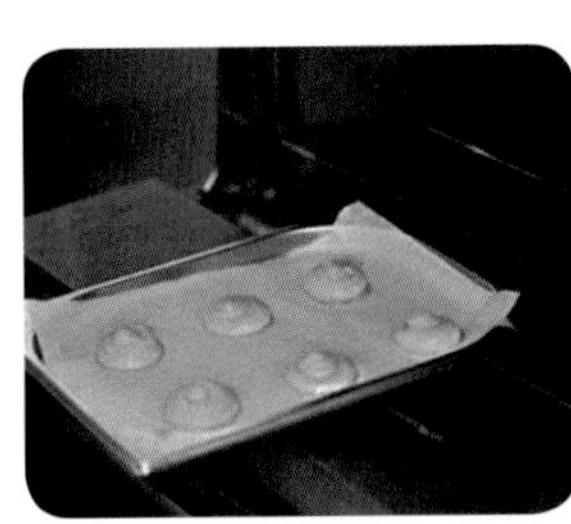

❽放入 200°C的烤箱中

❾將泡芙烤至焦黃色。拿起來要很輕

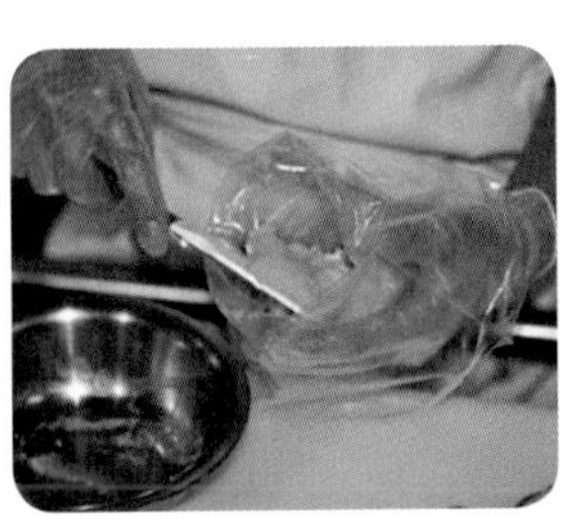

❿將香草餡裝入到擠花袋。使用小的圓口花嘴

⓫方法 1：將泡芙剖開，直接擠上香草餡

⓬撒上糖粉裝飾即完成

⓭方法 2：於泡芙底部開個小洞，直接將香草餡擠入

⓮撒上糖粉裝飾即完成

烤蘋果奶酥（Apple Crumble）

蘋果餡		奶酥		派皮	
青龍蘋果	2 顆	麵粉	50 克	中筋麵粉	360 克
砂糖	40 克	糖粉	50 克	奶油（切成小塊）	240 克
奶油	20 克	奶油	50 克	糖	120 克
肉桂粉	1/8 小匙	奶粉	50 克	蛋	1 顆
香草精	少許			鹽	1 小匙

作法

製作蘋果餡

❶蘋果去皮去核後，切成約 0.5 公分厚

❷奶油、蘋果片、糖、檸檬汁，入鍋炒至蘋果軟透收汁後熄火。最後加入肉桂粉、香草精拌勻後備用

製作奶酥

❶將麵粉、糖粉、冰奶油和奶粉混合拌勻。（奶油需為冰冷否則會溶化被麵粉吸收）

❷以手指或刮板，將奶油和麵粉搓成小顆粒，要像沙子一樣（要冰冷狀態才能搓成小顆粒。必要時可放回冰箱）

製作派皮與組合

❶麵粉、砂糖、鹽及冰奶油倒入盆中，用切的方式將冰奶油與麵粉混合

❷也可以手指或刮板，將冰奶油和麵粉搓成小顆粒

❸麵粉搓揉到像沙子的狀態後，加入蛋，揉捏成麵糰

❹麵糰成型後，避免搓揉。以保鮮膜包覆後，放進冰箱中，鬆弛至少 20 分鐘

❺塔模塗上奶油，灑上一層麵粉

❻將派皮桿開

❼將桿開的派皮放入模子中，將多餘的派皮切除

❽也可將一小塊的派皮，以姆指推壓成符合塔模形狀

❾以叉子在塔皮上戳幾個透氣孔，鋪上油紙，上面放置鋁豆

❿放入 160°C的烤箱中

⓫略微上色後自烤箱中取出。將鋁豆取出

❾將蘋果餡放進塔模中

❿鋪一層奶酥稍微壓一下，放進 160°C的烤箱中，烤至呈金黃色

⓮成品

18.4　油炸類甜點

所謂的油炸餡餅（Fritters）指的是一種將煮熟或是生的食材，裹上麵糊（Batter）後，於熱油中油炸的食物。油炸餡餅所用的餡料可以是蔬菜、水果、海鮮、肉類等，所以其口味可以是甜或是鹹的（鹹味的油炸餡餅並不在本書的討論範圍）。

多種的麵糊或是麵糰可用來製作油炸餡餅，在歐洲最常用的麵糊是以蛋、牛奶和麵粉等所製成的麵糊。油炸餡餅幾乎都是要趁熱食用。炸好的油炸餡餅上通常都會灑上糖粉或是砂糖。油炸餡餅通常在炸好後，就要立刻的上桌食用，因為它和其他的油炸食物一樣，要現炸現吃才會好吃。

- **炸蘋果圈（Apple Fritters）**

炸蘋果餡餅，也就是俗稱的「炸蘋果圈」。其做法相當的多，蘋果有些是切丁，也有人切成蘋果圈。有些人會先以萊姆酒、肉桂粉等先醃過，有些則是直接將切好的蘋果裹上麵糊油炸。除了蘋果外，其他常見水果的油炸餡餅還包括有：香蕉、梨子、鳳梨等。這些水果通常必須要先去皮、去核、去子。然後切成大小厚薄一致的片或切丁，如果有需要，水果必須以紙巾擦乾，以便能吸附麵糊。

炸蘋果圈（Apple Fritters）

材料

蘋果	350 克
糖粉	適量

麵糊

蛋（蛋白、黃分開）	3 粒
牛奶	250 克
麵粉	225 克
泡打粉	10 克
鹽	1 小匙
糖	50 克
肉桂粉	1/2 小匙

作法

製作麵糊

❶所有乾性食材先混合，蛋黃放入牛奶中拌勻。把牛奶液體先倒 2/3 到麵粉中拌勻，其餘的視麵糊的稠度加入，拌勻後靜置約 1 小時

❷油炸前，將蛋白打發到濕性發泡，輕輕拌入麵糊中

油炸蘋果圈

❶將蘋果，去皮、去核後切成約 3～4 公釐的薄片，蘋果沾上薄薄的一層麵粉後，放入麵糊中

❷將裹上麵糊的蘋果輕輕放入油中

❸一面炸至金黃後翻面

❹油炸至兩面呈金黃色取出

❺可依個人喜好，灑上糖粉

NOTE

國家圖書館出版品預行編目資料

西餐基礎烹調：烹調方法與原理／程玉潔編著. ——初版. ——臺北市：五南，2015.12

面；　公分

ISBN 978-957-11-8430-2（平裝）

1.烹飪　2.食譜

427.12　　104026003

GPN：1010402725

ISBN：978-957-11-8430-2

1LA2

西餐基礎烹調——烹調方法與原理

作　　者 — 程玉潔

出 版 者 — 國立高雄餐旅大學（NKUHT Press）

封面設計 — 羅香塔設計工作室

總 經 銷：五南圖書出版股份有限公司

地　　址：106台北市大安區和平東路二段339號4樓

電　　話：(02)2705-5066　　傳　　真：(02)2706-6100

網　　址：http://www.wunan.com.tw

電子郵件：chiefed7@wunan.com.tw

劃撥帳號：01068953

戶　　名：五南圖書出版股份有限公司

法律顧問　林勝安律師事務所　林勝安律師

出版日期　2015年12月初版一刷

　　　　　2018年 9 月初版三刷

定　　價　新臺幣480元

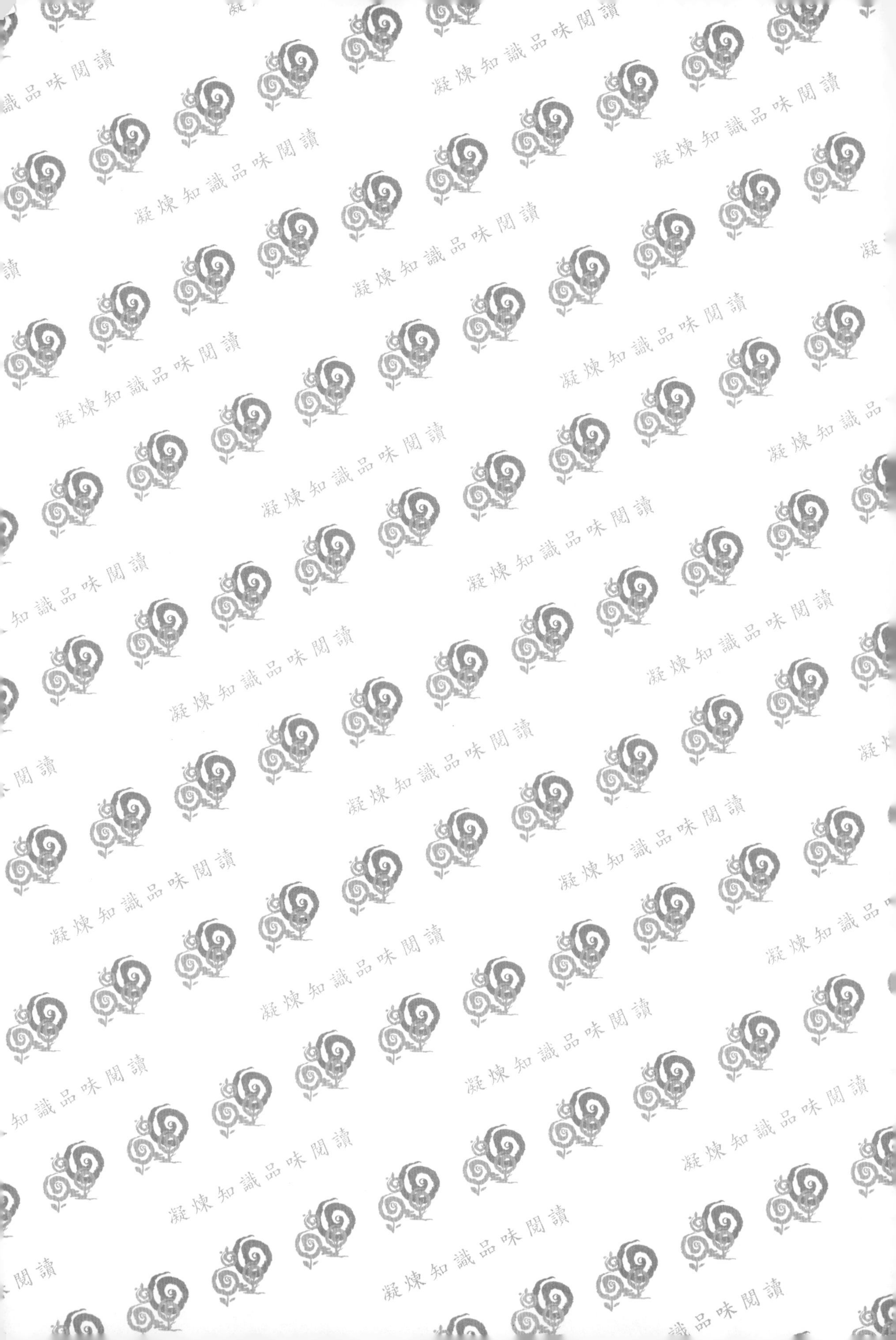

凝煉知識品味閱讀